今すぐ使えるかんたんmini

Imasugu Tsukaeru Kantan mini Series

USB メモリー 徹底活用技

改訂5版

Windows 10 / 8.1 / 7 対応

JN154741

技術評論社

本書の使い方

- 画面の手順解説だけを読めば、操作できるようになる！
- もっと詳しく知りたい人は、補足説明を読んで納得！
- これだけは覚えておきたい機能を厳選して紹介！

特長 1
機能ごとにまとまっているので、「やりたいこと」がすぐに見つかる！

● 基本操作
赤い矢印の部分だけを読んで、パソコンを操作すれば、難しいことはわからなくても、あっという間に操作できる！

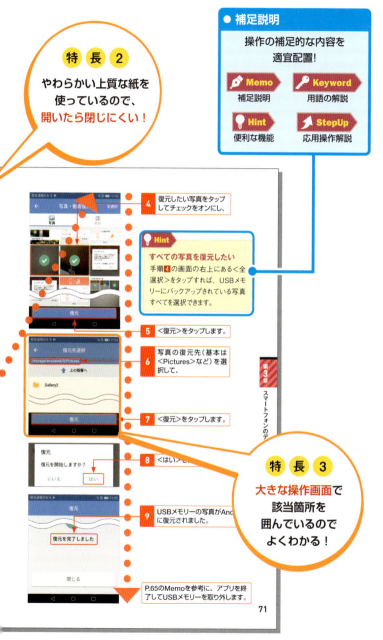

目次

第1章 USBメモリー基本の「き」

Section 01 **USBメモリーで何ができる?** ……… 14
USBメモリーとは?
USBメモリーの特徴

Section 02 **USBメモリーの種類** ……… 16
USB3.0とUSB2.0
セキュリティ機能の標準搭載モデル
Type-C端子搭載やスマートフォン対応のUSBメモリー

Section 03 **USBメモリーを購入するときのポイント** ……… 18
速度と容量で選ぶ
機能や形状で選ぶ
規格と価格容量比で選ぶ
添付アプリで選ぶ

Section 04 **USBメモリーをパソコンで表示する** ……… 22
Windows 10／8.1でUSBメモリーを使用する
Windows 7でUSBメモリーを使用する

Section 05 **USBメモリーにファイルをコピー／削除する** ……… 24
USBメモリーにファイルを保存する
USBメモリーのファイルを削除する

Section 06 **USBメモリー内をフォルダーで整理する** ……… 26
USBメモリーにフォルダーを作成する

Section 07 **USBメモリーを安全に取り外す** ……… 28
Windows 10でUSBメモリーを取り外す
Windows 8.1でUSBメモリーを取り外す
Windows 7でUSBメモリーを取り外す

第2章 パソコンのデータをバックアップ／同期しよう

Section 08 大切なデータを自動でバックアップするには ……… 32
USBメモリー接続時に自動でバックアップ
バックアップの流れ

Section 09 バックアップアプリを導入する ……… 34
バックアップアプリをインストールする

Section 10 自動バックアップの設定を行う ……… 36
バックアップしたいフォルダーを登録する
USBメモリーへの自動バックアップの設定を行う

Section 11 バックアップを実行する ……… 42
バックアップを行う

Section 12 バックアップしたデータを復元する ……… 43
バックアップしたデータを復元する

Section 13 データをUSBメモリーに同期するには ……… 44
データの同期とは?
データの同期を行うには?

Section 14 パソコンにデータの同期アプリを導入する ……… 46
Allway Syncの利用の流れ
Allway Syncをインストールする

Section 15 同期アプリの設定を行う ……… 50
表示言語を日本語に設定する
パソコン側の同期フォルダーを設定する
USBメモリー側の同期フォルダーを設定する
自動同期の設定を行う

Section 16 ファイルの同期を実行する ……… 56
ファイルの同期を実行する
同期の履歴を確認する

CONTENTS 目次

第3章 スマートフォンのデータをバックアップしよう

Section 17 スマートフォン×USBメモリーで何ができる？ ……… 60
データのバックアップ用にUSBメモリーを使う
デバイス間でのデータ移行にも活用できる

Section 18 スマートフォン対応のUSBメモリーを選ぶ ………… 62
複数の端子に対応したUSBメモリーをセレクトする
Andorid、iPhone、パソコンのすべてに接続できる

Section 19 スマートフォンでUSBメモリーを使う準備をする …… 64
Androidで専用アプリをインストールする
iPhone／iPadで専用アプリをインストールする
アプリを起動する

Section 20 AndroidのデータをUSBメモリーにコピーする … 66
スマートフォン内のデータをUSBメモリーにバックアップする

Section 21 iPhoneのデータをUSBメモリーにコピーする … 68
iPhoneのデータをUSBメモリーにバックアップする

Section 22 USBメモリーからデータを復元する ………………… 70
Androidで写真データを復元する
iPhoneで写真データを復元する

Section 23 パソコンの写真や音楽をスマートフォンに移す ……… 74
パソコンとUSBメモリーを接続してデータをコピーする
AndroidスマートフォンにUSBメモリーの写真や音楽を移す
iPhoneにUSBメモリーの写真や音楽を移す

第4章 アプリをUSBメモリーで持ち歩こう

Section 24 USBメモリーでアプリを持ち運ぶには ……………… 80
外出先のパソコンのアプリを使うのは危険
USBメモリーでアプリを持ち運べば安全

Section 25 **USBメモリーにWebブラウザーを導入する** ……… 82
使い慣れた環境でWebページの閲覧が可能
Firefox Portableをインストールする

Section 26 **Webブラウザーを利用する** ………………………… 84
Firefox Portableを起動する
Webブラウザーの設定を移行する
ブックマークを開く

Section 27 **USBメモリーにメールアプリを導入する** …………… 88
いつでもどこでもメールの送受信が可能
Thunderbird Portableをインストールする
メールアカウントの設定を行う

Section 28 **外出先で使うときに便利な設定を行う** ……………… 92
送信済みメールをどこでも確認できるようにする
送信メールのコピーを自分宛てに送るように設定する

Section 29 **メールアプリを使って送受信する** ………………… 94
メールを送信する
メールを受信する
メールに返信する
別のメールアドレスでメールを確認する

Section 30 **USBメモリーに画像加工アプリを導入する** ………… 98
仕事や個人の写真や画像をいつでも編集可能
GIMP Portableをインストールする

Section 31 **画像加工アプリを利用する** ……………………… 100
GIMP Portableに画像を表示する
写真のホワイトバランスを補正する
写真のカラーバランスを調整する
写真をトリミングする

Section 32 **圧縮・展開アプリを導入する** …………………… 104
さまざまな圧縮ファイルに対応可能
7-Zip Portableをインストールする

Section 33 **圧縮・展開アプリを利用する** …………………… 106
7-Zip Portableを起動する

CONTENTS 目次

7-Zip Portableを日本語化する
圧縮ファイルを展開する
ファイルやフォルダーを圧縮する

Section 34 **メディアプレーヤーを導入する** 110
さまざまな形式の動画／音楽ファイルを再生可能
VLC Media Player Portableをインストールする

Section 35 **メディアプレーヤーでビデオを再生する** 112
VLC Media Player Portableを起動する
動画ファイルを再生する

Section 36 **ファイル復元アプリを導入する** 114
USBメモリー／HDD内のデータを復元
Wise Data Recovery Portableをインストールする

Section 37 **削除したファイルを復元する** 116
Wise Data Recovery Portableの起動と初期設定
削除したデータを復元する

第5章 CD／DVDをUSBメモリーで持ち歩こう

Section 38 **CD／DVDをUSBメモリーに格納するには** 120
かさばるCD／DVDをUSBメモリーで持ち運ぶ
外出先で利用するための手順

Section 39 **イメージファイル作成アプリを導入する** 122
CD／DVDからイメージファイルを作成
InfraRecorder Portableをインストールする

Section 40 **CD／DVDのイメージファイルを作成する** 126
イメージファイルを作成する

Section 41 **Windows 10／8.1でイメージファイルを読み出す** 128
イメージファイルを読み出す
イメージファイルを取り出す

Section 42 **Windows 7でイメージファイルを読み出す** ········ 130
CD／DVDのイメージファイルを読み出せる
WinCDEmu Portableをインストールする
WinCDEmuでイメージファイルを読み出す

Section 43 **WinCDEmuでイメージファイルを取り出す** ········ 134
Window 7でアンマウントする
WinCDEmuを完全終了する
Windows 10でアンマウントする

第6章 USBメモリーのセキュリティを強化しよう

Section 44 **USBメモリーのデータを保護するには** ················ 138
USBメモリー内のデータを暗号化して保護

Section 45 **暗号化アプリを導入する** ································ 139
Folder Protectorをダウンロードする

Section 46 **USBメモリーを暗号化して保護する** ···················· 140
USBメモリーを暗号化する

Section 47 **暗号化したデータを読み出す** ····························· 142
暗号化を解除してデータを読み出す

Section 48 **暗号化したデータを修正して保存する** ··················· 144
データの修正と保存方法1　一時的に解除
データの修正と保存方法2　仮想ドライブ

Section 49 **USBメモリーでパソコンをロックする** ··················· 146
USBメモリーでセキュリティを向上
USBメモリーを「鍵」として活用
鍵言葉をインストールする

Section 50 **パソコンのロックの設定を行う** ·························· 150
鍵言葉の設定
USBメモリーを鍵として登録する
常にパソコンをロックする

CONTENTS 目次

Section 51 パソコンのロックと解除を行う ……………………… 153
パソコンをロックする
パソコンのロックを解除する

Section 52 パソコンのロックを強制解除する ………………… 154
ロックを強制解除する

第7章 USBメモリーでパソコンのトラブルに備えよう

Section 53 パソコントラブルが起こる前の状態に戻すには？ … 156
OSに不具合が起こってもすぐに対処できる
OSインストール用USBメモリーの作り方は?

**Section 54 [Windows 10／8.1]
USBメモリーに回復ドライブを作成する** …………… 158
回復ドライブの作成を行う

**Section 55 [Windows 10／8.1]
回復ドライブからシステムの復元を行う** …………… 160
システムの復元を行う

Section 56 [Windows 7] ISOファイルとツールを用意する … 162
Windows 7のISOファイルをダウンロードする
Windows USB/DVD Download Toolをダウンロードする

**Section 57 [Windows 7]
インストール用USBメモリーを作成する** …………… 166
ツールを使って起動可能なUSBメモリーを作成する

Section 58 [Windows 7] システムの修復を行う ……………… 168
USBメモリーから起動してシステムを修復する

**Section 59 [Windows 10]
インストール用USBメモリーを作成する** …………… 170
MEDIA CREATION TOOLでインストールUSBメモリーを作成する
USBメモリーからインストール画面を表示する

Section 60 [Windows 8.1]
インストール用USBメモリーを作成する ……………174
Windows 8.1のISOファイルをダウンロードする
Windows USB/DVD Download Toolから作成する

Section 61 USBメモリーからOSを再インストールする ………176
USBメモリーから起動する方法
OSインストール用USBメモリーからWindowsをインストールする
回復ドライブからWindows 10をインストールする

第8章 USBメモリーで困ったときのQ&A

Section 62 USBメモリーが認識されない ……………………180
認識されない原因を探ってみる
パソコンのデバイスマネージャーを確認する

Section 63 USBメモリーのドライブ文字を変更したい …………182
「ディスクの管理」を起動する
ドライブ文字を変更する

Section 64 USBメモリーを初期化(フォーマット)したい ………184
USBメモリーのフォーマットを行う

Section 65 「現在使用中です」となってUSBメモリーが
取り外せない! ………………………………………186
「ディスクの管理」から取り外す

Section 66 パソコンに接続したときの動作を変えたい …………187
設定画面から設定を変更する

Section 67 USBメモリーの接続口を増やしたい ………………188
USBハブを用意すればUSB接続口を増やせる

Section 68 USBメモリーをパソコンに接続できない …………189
USB Type-C変換アダプターを使って端子の形状を合わせる

索引 ……………………………………………………………190

ご注意:ご購入・ご利用の前に必ずお読みください

- 本書に記載された内容は、情報の提供のみを目的としています。したがって、本書を用いた運用は、必ずお客様自身の責任と判断によって行ってください。本書の内容の中には、ハードウェアに対する高度な作業を実行するため、危険を伴うものが含まれています。操作を誤ると最悪の場合、Windowsが正常に動作しなくなる可能性があります。操作にあたっては、細心の注意を払って実行してください。これらの情報の運用の結果、いかなる障害が発生しても、技術評論社および著者はいかなる責任も負いません。

- ソフトウェアに関する記述は、特に断りのないかぎり、2018年11月現在での最新バージョンをもとにしています。ソフトウェアはバージョンアップされる場合があり、本書での説明とは機能内容や画面図などが異なってしまうこともあり得ます。あらかじめご了承ください。

- インターネットの情報についてはURLや画面等が変更されている可能性があります。ご注意ください。

- 各ソフトウェアの動作確認は、Windows 10／8.1／7で行っていますが、本書で紹介している機能に限ります。他の機能については検証していません。

以上の注意事項をご承諾いただいた上で、本書をご利用願います。これらの注意事項に関わる理由に基づく、返金、返本を含む、あらゆる対処を、技術評論社および著者は行いません。あらかじめご承知おきください。

■ 本書に掲載した会社名、プログラム名、システム名などは、米国およびその他の国における登録商標または商標です。本文中では™、®マークは明記していません。

第1章

USBメモリー基本の「き」

Section 01　USBメモリーで何ができる?
Section 02　USBメモリーの種類
Section 03　USBメモリーを購入するときのポイント
Section 04　USBメモリーをパソコンで表示する
Section 05　USBメモリーにファイルをコピー／削除する
Section 06　USBメモリー内をフォルダーで整理する
Section 07　USBメモリーを安全に取り外す

Section 01　第1章 >> USBメモリー 基本の「き」

USBメモリーで何ができる?

USBメモリーは、小型でかさばらずに持ち運べる記録メディアとして、ビジネスからプライベートまでさまざまなシーンで活用されています。ここでは、USBメモリーの基本的な特徴を紹介します。

1 USBメモリーとは?

USBメモリーは、パソコンのUSB端子に接続して使用する小型の記録メディアです。さまざまな大きさのものがありますが、形状はスティックタイプの製品が一般的です。USBメモリーは、パソコン内蔵のハードディスクと同じ感覚で、データの保存や読み出し、移動/コピー、削除が行えます。一方で、内蔵ハードディスクとは異なり、手軽に接続したり取り外したりしながら使うことができます。

形状
スティック型の形状が一般的です。

接続
パソコンのUSB端子に接続して使用します。

操作
パソコン内蔵のハードディスクと同様の操作で使用できます。

2 USBメモリーの特徴

USBメモリーの特徴は、まず何より小さく、軽いので、どこにでも手軽に持ち運べることです。それにもかかわらず、記録容量が大きく、大量のデータも保存できます。パソコンのUSB端子に接続するだけで利用できる使い勝手のよさや、落としたくらいではかんたんに壊れない衝撃に対する強さも持ち合わせています。最近ではAndroidスマートフォン／タブレットやiPhone／iPadといったモバイル機器のデータバックアップ用に活用できる製品も増えてきました。

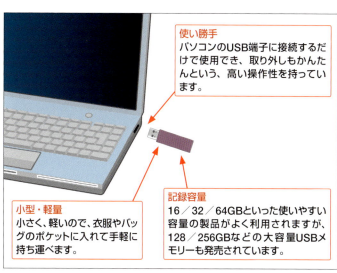

使い勝手
パソコンのUSB端子に接続するだけで使用でき、取り外しもかんたんという、高い操作性を持っています。

小型・軽量
小さく、軽いので、衣服やバッグのポケットに入れて手軽に持ち運べます。

記録容量
16／32／64GBといった使いやすい容量の製品がよく利用されますが、128／256GBなどの大容量USBメモリーも発売されています。

衝撃に強い
モーターなどの駆動部分がないため衝撃に強く、落としたくらいでかんたんに壊れることはありません。

Section 02　第1章 >> USBメモリー 基本の「き」

USBメモリーの種類

USBメモリーは、規格によって大きく2種類に分けられます。また、搭載している機能によっても違いがあります。ここでは、現在購入できるUSBメモリーの種類について説明します。

1 USB3.0とUSB2.0

主なUSBメモリーには、USB3.0に対応する製品とUSB2.0に対応する製品があります。USB3.0はUSB2.0と比べて最大約10倍の高速なデータ転送速度を実現します。大容量データを扱うことが多い昨今では、できればUSB3.0対応製品を選んでおくほうがよいでしょう。また、USB 3.1という新規格に対応した製品もあります。Type-Cと呼ばれる向きを気にせず差すことができる端子が登場し、USB3.0以上の高速なデータ転送を可能にします。ただし、販売されているものは、USB3.0／USB2.0対応製品が主流です。

USB3.0とUSB2.0は互換性があり、相互に接続することも可能です。ただしUSB3.0の高速な性能を存分に発揮させるには、USBメモリー側だけでなく、パソコン側のUSB端子もUSB3.0に対応している必要があります。

USBメモリー側

USB規格は、端子の「色」で判別できます。USB3.0は「青」、USB2.0は青以外の色となっています。

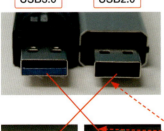

パソコン側

USB3.0とUSB2.0は互換性があるので、どちらの対応パソコンでも利用できます。しかしUSB3.0の高い性能を発揮するには、USBメモリー／パソコンの双方がUSB3.0に対応している必要があります。

2 セキュリティ機能の標準搭載モデル

USBメモリーには、セキュリティを高めるデータ暗号化機能を標準搭載した製品もあります。機能を搭載していない製品に比べると高価ですが、保存したデータを暗号化することで情報漏洩リスクを減らすことが可能です。

データ暗号化機能を持つUSBメモリー

データを暗号化したり、パスワードをかけたりしておけば、USBメモリーに保存した大切なデータが第三者に読まれてしまうリスクを防ぐことができます。

データを暗号化する方法には、USBメモリー自体に暗号化機能が備わっている「ハードウェア方式」と、アプリによって暗号化する「ソフトウェア方式」があります。最近では、すべてのデータを常に暗号化するハードウェア方式が増えています。

3 Type-C端子搭載やスマートフォン対応のUSBメモリー

一般的なUSB Type-A端子に加えて、Micro-BやType-C端子、さらにiPhoneやiPadなどで使われるLightning端子を搭載した製品も増えてきています。USBメモリーでスマートフォン内のデータをバックアップしたいという場合は、こうしたタイプの製品を選びましょう。

Type-C端子搭載のUSBメモリー

新型MacBookなどに搭載されているType-C端子（端子の上下の向きを気にせず接続可能）に対応するUSBメモリーです（前ページ参照）。

Lightning端子搭載のUSBメモリー

パソコンの通常のUSB端子に加えて、スマートフォン向けの小型USB端子も搭載するタイプです（P.19参照）。

Section 03 USBメモリーを購入するときのポイント

第1章 >> USBメモリー 基本の「き」

USBメモリーは各社からさまざまな製品が発売されているため、購入時に迷ってしまうことも多いでしょう。ここでは、USBメモリーを購入するときにチェックしておきたいポイントを説明します。

1 速度と容量で選ぶ

USBメモリーを選ぶ際にまず着目したいのが「速度」と「容量」です。データ転送速度が速ければ速いほど多くのデータを短時間で読み書きでき、記録容量が大きければ大きいほど多くのデータを保存できます。速度については、今ならUSB3.0対応製品を選択するのが基本となります。記録容量はあとから増やすことができないため、予算内で可能なかぎり大容量の製品を購入するのがおすすめです。なお、一般的に大容量の製品ほど速度も速くなる傾向があります。

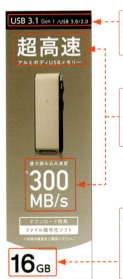

規格
規格は必ず表記されているので、しっかりと吟味して購入しよう。

速度
「高速」「超速」など、速度をアピールする文字をパッケージに記載している製品は一般的にデータ転送速度が速い。

記録容量
記録容量は大きければ大きいほど使い勝手がよいが、128GB以上の大容量製品は価格も高めになる。バランスのとれた16／32GBの製品がおすすめ。

2 機能や形状で選ぶ

USBメモリーは、スティック形状をした製品がもっともスタンダードなものとして販売されています。このタイプは、端子を保護するキャップが付属するものと、スライドして端子を露出させるものに分けられます。そのほか、超小型の製品や、デザインにこだわったもの、また最近ではパソコンだけでなくスマートフォンでも使えるように小型USB端子（Micro-B端子、Type-C端子）やLightning端子を併せ持つ製品もあります。機能にこだわって、防水・防塵や耐衝撃性能を高めたり、セキュリティが心配なら暗号化機能を搭載した製品もあります。ここで挙げた特徴を複数備えるものもあるので、求める条件と価格のバランスで選びましょう。

超小型タイプ
超小型のUSBメモリー。パソコンに接続したときに出っ張りがほとんどなく、省スペース

デザイン・防水／防塵／耐衝撃タイプ
人間工学に基づいて機能美を追求しつつ、防水／防塵や高い耐衝撃性を実現しているタイプもある

キャップレスタイプ
USB端子部分をスライドして露出させ、パソコンに接続する。キャップをなくす心配がない

キャップ付きタイプ
USB端子を保護するキャップ付属タイプ。キャップをなくさないようストラップ付き製品もある

セキュリティ機能搭載タイプ
データ暗号化機能などのセキュリティを向上させる機能を標準で搭載し、ビジネスにも安心して使える

3-in-1タイプ
iPhone／Android／パソコンに対応する3つの端子を備えたUSBメモリー。トリプルコネクタと呼ばれることもある

3 規格と価格容量比で選ぶ

USBメモリーは、スタンダード、高速タイプ、セキュリティ機能搭載タイプなど複数のラインナップで展開されており、容量が同じであっても規格や速度、機能などによって価格が異なります。たとえばUSB3.0対応製品とUSB2.0対応製品では、同じ容量でも高速なUSB3.0製品のほうが高めの価格で販売されています。店頭では、同じメーカーの64GBのUSB2.0製品より、16GBのUSB3.0製品のほうが高い場合もあります。USB2.0製品は確かに安価で大容量のものを入手できるのですが、転送速度が遅いため、現在であれば積極的にUSB2.0製品を購入する意味はないといえるでしょう。

ネット通販やショップでは安価なUSBメモリーが売られていることもあります。その多くが海外メーカーの製品です。よほど激安の製品でないかぎり、品質的には国内メーカーの製品と大差はありません。しかし取扱説明書が英語表記であったり、メーカー保証やユーザーサポートの面で国内メーカー製品に比べ不利な場合もあります。購入の際には、これらのデメリットを考慮しましょう。

低価格のUSBメモリーは聞き慣れない海外メーカーの製品が多い。品質的には国内メーカー製品とそれほど変わらないが、取扱説明書は英語であるのが一般的

4 添付アプリで選ぶ

USBメモリーには、データ暗号化アプリやパスワードロックアプリ、USBメモリー専用フォーマッター、バックアップアプリといったセキュリティアプリ／ユーティリティアプリが添付されている場合があります。どのようなアプリが付属するかは製品によって異なります。USBメモリーを通常使用するうえでこれらのアプリが必須というわけではありませんが、あると便利なアプリも多いので、購入前にチェックしておきましょう。

添付アプリは、USBメモリー内にあらかじめ書き込まれて出荷されている場合もあれば、購入後にメーカーホームページから自分でダウンロードする場合もあります。

バッファロー製のこのUSBメモリーの場合は、ユーティリティアプリやマニュアルをインターネットからダウンロードする

> **Memo**
>
> **USBメモリーには寿命がある**
>
> USBメモリーは、価格にかかわらず、何度もデータを読み書きしているといつかは壊れてしまいます。永久に使えるわけではありませんので、大切なデータはバックアップしておくことをおすすめします。

Section 04

第1章 >> USBメモリー 基本の「き」

USBメモリーをパソコンで表示する

ここでは、Windows 10 / 8.1とWindows 7を例に、USBメモリーをパソコンで使用する方法を説明します。USBメモリーは、パソコンのUSB端子に差し込むことで使用できるようになります。

1 Windows 10 / 8.1でUSBメモリーを使用する

1 USBメモリーをパソコンのUSB端子に差し込みます。

Memo

通知の表示

USBメモリーが接続されたことを示す通知が表示された場合は、通知をクリックし、表示される画面から<フォルダーを開いてファイルを表示>をクリックします。

2 📁 をクリックし、

3 <PC>をクリックすると、

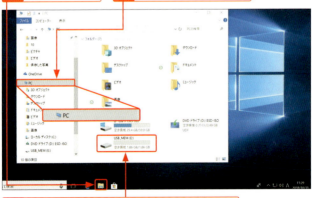

4 USBメモリー(ここでは<USB_MEM(E:)>)が表示されるので、ダブルクリックします。

5 USBメモリーのウィンドウが開き、内容が表示されます。

2 Windows 7でUSBメモリーを使用する

1 USBメモリーをパソコンのUSB端子に差し込むと、

2 「自動再生」画面が表示されるので、

3 <フォルダーを開いてファイルを表示>をクリックします。

4 USBメモリーのウィンドウが開きます。

第1章 USBメモリー 基本の「き」

Section 05

第1章 >> USBメモリー 基本の「き」

USBメモリーにファイルを コピー／削除する

USBメモリーは、パソコン内蔵のハードディスクと同じ感覚で、ファイルやフォルダーのコピー（保存）／移動／削除といった操作を行えます。操作方法はすべてハードディスクと同様です。

1 USBメモリーにファイルを保存する

1. USBメモリーをパソコンに接続します。
2. USBメモリーに保存したいファイル／フォルダーを表示し、
3. USBメモリー（ここでは<USB_MEM (E:)>）にドラッグ＆ドロップします。
4. USBメモリーをクリックすると、
5. USBメモリーにファイル／フォルダーが保存されていることを確認できます。

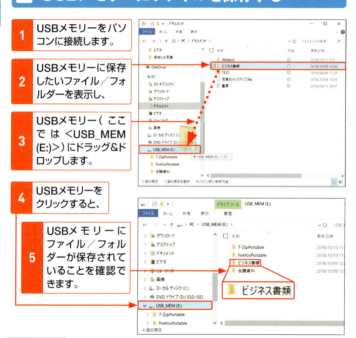

📝 Memo

USBメモリーの表示

USBメモリーをパソコンに接続した際の表示名は、取り付けるUSBメモリーの種類によって異なります。そのため本書の表示名とも異なる可能性があります。

2 USBメモリーのファイルを削除する

1. Section04の方法で、USBメモリーのウィンドウを開きます。
2. 削除したいファイル／フォルダーをクリックし、
3. Deleteを押します。

4. <はい>をクリックします。

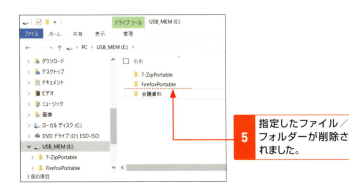

5. 指定したファイル／フォルダーが削除されました。

💡 Hint

削除したファイルを復元するには

削除の操作もハードディスクと同じですが、USBメモリーに保存されたファイル／フォルダーの削除を行った場合は、ごみ箱に表示されずに削除されてしまう点が異なります。USBメモリー内のファイルを誤って削除したときは、Section36、37の手順で復元できる可能性があります。

Section 06 第1章 >> USBメモリー 基本の「き」

USBメモリー内をフォルダーで整理する

USBメモリーには、ハードディスクと同じように、自由にフォルダーを作成することができます。任意のフォルダーを作成してファイルをまとめ、USBメモリー内を使いやすいように整理しましょう。

1 USBメモリーにフォルダーを作成する

1. Section04の方法で、USBメモリーのウィンドウを開きます。
2. <ホーム>をクリックし、
3. <新しいフォルダー>をクリックします。

4. フォルダーが作成されます。

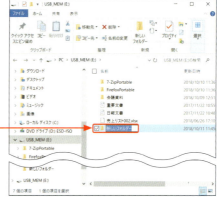

5 任意のフォルダー名を入力します。

6 Enterを押して、フォルダー名を確定します。

7 フォルダーにまとめたいファイルを選択し、

8 フォルダーにドラッグ＆ドロップすれば、

9 フォルダー内にファイルをまとめられます。

💡 Hint

ファイル／フォルダー名の変更

USBメモリー内でのファイル／フォルダー名の変更は、ハードディスクと同じ操作で行えます。

Section 07

第1章 ≫ USBメモリー 基本の「き」

USBメモリーを安全に取り外す

USBメモリーをパソコンから取り外すときは「安全な取り外し」の手順を実行します。この手順を踏むことで、USBメモリー内のデータが破損するといったトラブルを防げます。

1 Windows 10でUSBメモリーを取り外す

1 通知領域の∧をクリックし、

2 🔲 をクリックします。

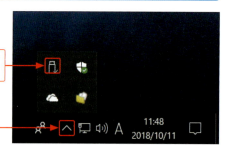

3 <(USBメモリー名)の取り出し>をクリックすると、

4 「ハードウェアの取り外し」が表示され、

5 USBメモリーを安全に取り外せます。

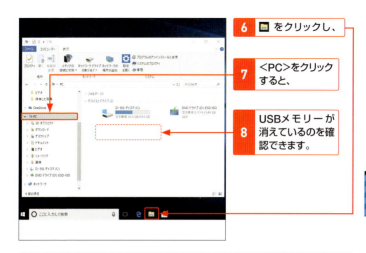

6	📁 をクリックし、
7	<PC>をクリックすると、
8	USBメモリーが消えているのを確認できます。

2 Windows 8.1でUSBメモリーを取り外す

1	通知領域の △ をクリックし、
2	🔌 をクリックして、
3	<(USBメモリー名)の取り出し>をクリックすると、

| 4 | 「ハードウェアの取り外し」が表示され、 |
| 5 | USBメモリーを安全に取り外せます。 |

第1章 USBメモリー 基本の「き」

29

3 Windows 7でUSBメモリーを取り外す

1 USBメモリーのウィンドウを閉じます。

2 通知領域の▲をクリックし、

3 画面が表示されたら、🍋 をクリックします。

4 ＜(USBメモリー名)の取り出し＞をクリックします。

5 「ハードウェアの取り外し」が表示され、

6 USBメモリーを安全に取り外せます。

第2章

パソコンのデータを
バックアップ／
同期しよう

Section 08　大切なデータを自動でバックアップするには
Section 09　バックアップアプリを導入する
Section 10　自動バックアップの設定を行う
Section 11　バックアップを実行する
Section 12　バックアップしたデータを復元する
Section 13　データをUSBメモリーに同期するには
Section 14　パソコンにデータの同期アプリを導入する
Section 15　同期アプリの設定を行う
Section 16　ファイルの同期を実行する

Section 08 第2章 » パソコンのデータをバックアップ／同期しよう

大切なデータを自動でバックアップするには

32GBや64GBといった大容量製品も一般的になったUSBメモリーは、大切なデータのバックアップに利用できます。パソコンのデータを手軽にバックアップでき、復元もかんたんに行えます。

1 USBメモリー接続時に自動でバックアップ

USBメモリーにパソコン内にあるデータのバックアップを保存しておけば、間違って大切なデータを削除してしまったときに、すぐにデータの復旧が行えます。USBメモリーは、外付けのHDDほど記録容量が大きくないため、SSDやHDD全体のバックアップを保存するには記録容量に不安がありますが、個人の大切なデータをバックアップしておく用途には必要十分な容量を持っています。また、USBメモリーは、サイズが小さく、ACアダプターなどの外部電源を必要とすることなく利用できるという、運用面の手軽さも見逃せません。本書で紹介するバックアップアプリ「BunBackup」を利用すると、バックアップという煩雑な作業が実にかんたんに行えるようになります。

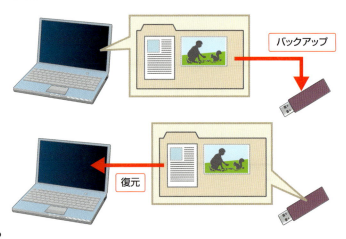

2 バックアップの流れ

本書では、バックアップアプリ「BunBackup」を利用したパソコン内のデータのバックアップ方法を解説しています。このアプリを利用したバックアップは、バックアップしたいフォルダーの指定やバックアップに利用するUSBメモリーの情報をあらかじめアプリに登録しておく必要があります。しかし、これらの作業を行っておけば、パソコンにUSBメモリーをセットするだけで、指定したフォルダーのバックアップが自動的に実行されるようになります。USBメモリーをパソコンに接続するだけなので非常にかんたんで、バックアップ作業の実行を忘れてしまうこともありません。

❶バックアップアプリで、バックアップに使うフォルダーやUSBメモリーを設定する。

❷USBメモリーをパソコンにセットする。

❸バックアップが自動的に実行される。

Section 第2章 » パソコンのデータをバックアップ／同期しよう

09 バックアップアプリを導入する

パソコン内のデータをUSBメモリーにバックアップするには、バックアップアプリが必要になります。ここでは、バックアップアプリ「BunBackup」のインストール方法を解説します。

1 バックアップアプリをインストールする

利用するアプリ	BunBackup
配布サイト	http://nagatsuki.la.coocan.jp/bunbackup/download.htm

1 上記配布サイトのURLにアクセスし、

2 「窓の杜」の<ダウンロード>をクリックします。

3 <窓の杜からダウンロード>（ここでは「BunBackup（64bit版）」）をクリックします。

💡 Hint

利用状況に応じて選択する

32bit版のWindowsを利用している場合は、64bit版の1つ上の<窓の杜からダウンロード>をクリックします。

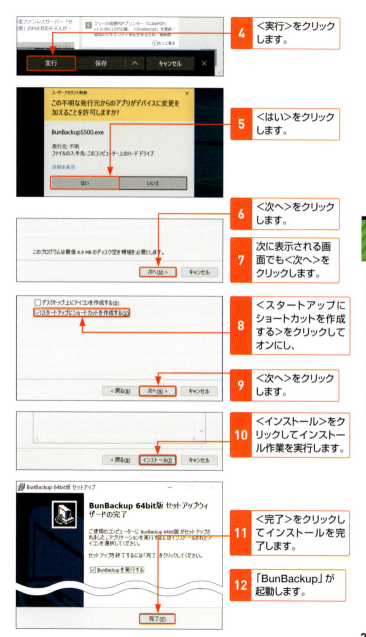

Section

第2章 » パソコンのデータをバックアップ／同期しよう

10 自動バックアップの設定を行う

「BunBackup」を利用して自動バックアップを行うために、バックアップしたいフォルダーの設定やUSBメモリーの登録などの作業が必要となります。

1 バックアップしたいフォルダーを登録する

ここでは、前ページの続きで解説しています。インストール完了後、BunBackupを終了したときは、下のMemoの手順を参考にBunBackupを起動しておいてください。

1 バックアップに利用するUSBメモリーが初期化されていない場合は、P.184を参考にボリュームラベルを付けてフォーマットしておきます。

2 USBメモリーをパソコンのUSB端子にセットします。

3 ➕ をクリックします。

4 バックアップの名称を入力し、

5 「バックアップ元フォルダ」の 📂 をクリックします。

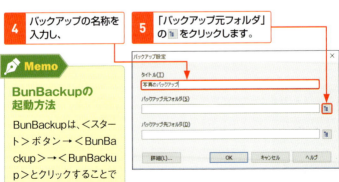

📝 Memo

BunBackupの起動方法

BunBackupは、＜スタート＞ボタン→＜BunBackup＞→＜BunBackup＞とクリックすることで起動できます（Windows 10の場合）。

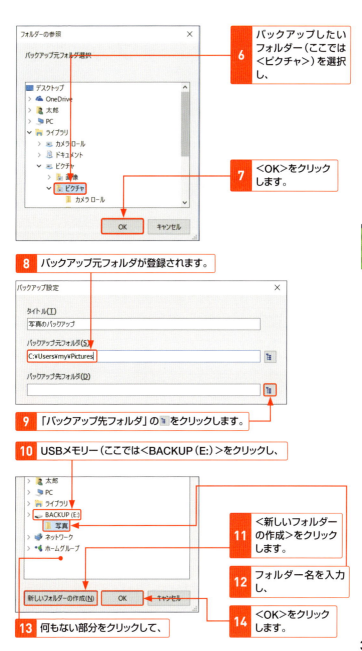

15 バックアップ先フォルダが登録されます。

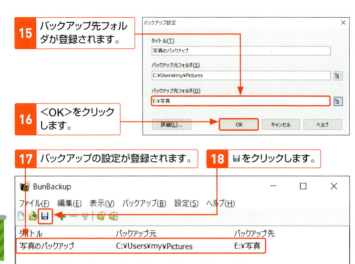

16 <OK>をクリックします。

17 バックアップの設定が登録されます。

18 🔒をクリックします。

19 保存先(ここでは<ドキュメント>をクリックし、

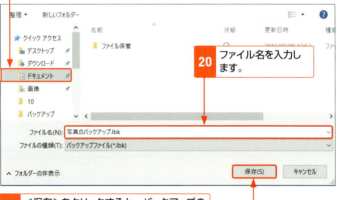

20 ファイル名を入力します。

21 <保存>をクリックすると、バックアップの設定がファイルとして保存されます。

💡 Hint

バックアップに利用するUSBメモリーについて

バックアップに利用するUSBメモリーは、間違ってUSBメモリー内のデータを削除したりしないように、バックアップ専用にすることをおすすめします。

2 USBメモリーへの自動バックアップの設定を行う

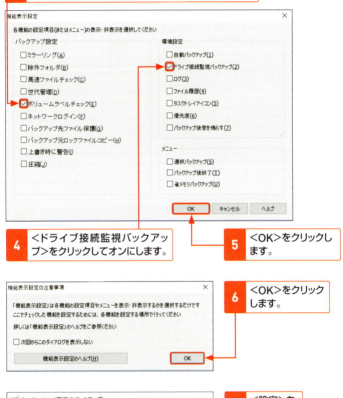

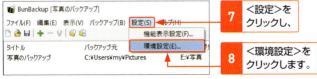

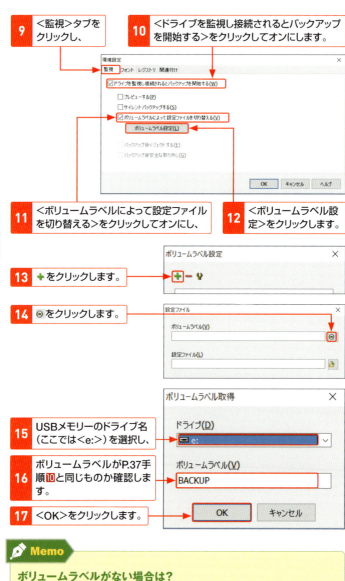

Memo

ボリュームラベルがない場合は?

ボリュームラベルを付けていない場合は、特定のUSBメモリーに対してのみバックアップを実行することができません。

18 をクリックします。

19 P.38手順で保存した設定ファイルをクリックし、

20 <開く>をクリックします。

21 <OK>をクリックします。

22 <OK>をクリックします。

23 <OK>をクリックします。

Section **11** 第2章 » パソコンのデータをバックアップ／同期しよう

バックアップを実行する

ここでは、「BunBackup」を利用したデータのバックアップを行います。バックアップ用に設定したUSBメモリーをパソコンにセットすると、バックアップが自動実行されます。

1 バックアップを行う

1 バックアップ用の設定を行ったUSBメモリーをパソコンにセットします。

2 バックアップが自動的に実行されます。

3 バックアップが完了すると結果が表示され、バックアップしたファイルなどを確認できます。

Memo

BunBackupの起動について

自動バックアップを行うには、BunBackupが起動している必要があります。本書では、P.35手順 8 の操作で、Windows起動時にBunBackupが自動的に起動するように設定しているため、USBメモリーをセットする前にあらためてアプリを起動する必要はありません。

Section 第2章 >> パソコンのデータをバックアップ／同期しよう

12 バックアップしたデータを復元する

ここでは、バックアップ済みのデータを復元する方法を解説します。バックアップしたデータは、手動でUSBメモリー内のデータを元の場所にコピーすることで復元できます。

1 バックアップしたデータを復元する

ここでは例として、USBメモリーにバックアップした「ピクチャ」フォルダーのデータを復元（コピー）する手順を解説しています。

1 バックアップ用のUSBメモリーをパソコンにセットし、

2 バックアップ結果の画面が表示されたときは、×をクリックし、その画面を閉じます。

3 📁 をクリックします。

4 USBメモリー（ここでは ＜BACKUP (E:)＞をクリックし、

5 バックアップ先のフォルダー（ここでは＜写真＞）をダブルクリックします。

6 Ctrlを押しながらAを押して、すべてのファイルを選択し、

7 「ピクチャ」にドラッグ&ドロップすると、データを復元できます。

Section 13 データをUSBメモリーに同期するには

USBメモリーのもっとも便利な点が、手軽にデータを持ち運べることです。パソコン内のデータとUSBメモリー内のデータが常に同じ内容になるようにしておくと、さらに便利に活用できます。

1 データの同期とは？

データの同期とは、2つ以上のドライブやフォルダー内のデータを同じ内容にする作業です。USBメモリーを使ってデータの同期を行うと、パソコン内にある特定のフォルダーとUSBメモリー内の特定のフォルダーの内容を同じにできます。こうしておくことで、パソコンとUSBメモリーで同じデータを扱うことができます。なお、同期はバックアップとよく似た機能ですが、バックアップは同期元のフォルダーから削除されたデータでも残しておくことができる点が異なります。同期では、フォルダー間の内容が同じになるため、削除されたデータは保持されません。

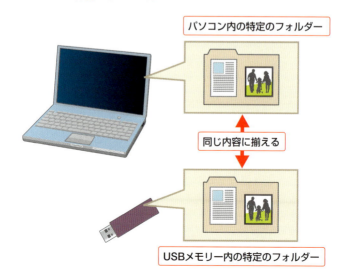

2 データの同期を行うには？

パソコン内のデータとUSBメモリー内のデータの同期を行うには、データの同期アプリを利用します。本書では、「Allway Sync」（無料版）を利用してデータの同期方法を解説します。また、データの同期方法には、手動で同期を行う方法とUSBメモリーをパソコンにセットするだけで自動的に同期を行う方法があります。本書では、後者の自動同期の方法を解説しています。自動同期をしておけば、データの更新を忘れたり、古いデータを上書きしてしまったりという人的ミスの発生を防ぐことができます。

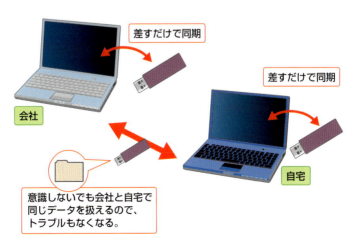

Section **14** 第2章 » パソコンのデータをバックアップ／同期しよう

パソコンにデータの同期アプリを導入する

データの同期を行うには、専用のアプリを使うのが便利です。本書では、高機能な同期アプリ「Allway Sync」(無料版)を使ったUSBメモリーの同期方法を説明します。

1 Allway Syncの利用の流れ

Allway Syncは、USBメモリーをパソコンに装着するだけで自動的に同期を行うことができる便利なアプリです。

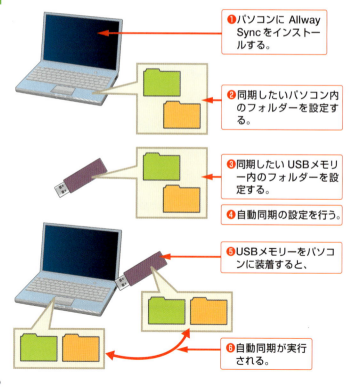

❶パソコンに Allway Sync をインストールする。

❷同期したいパソコン内のフォルダーを設定する。

❸同期したい USBメモリー内のフォルダーを設定する。

❹自動同期の設定を行う。

❺USBメモリーをパソコンに装着すると、

❻自動同期が実行される。

2 Allway Syncをインストールする

利用するアプリ	Allway Sync (Usov Lab 作)
配布サイト	https://allwaysync.com/

1 上記サイトにアクセスし、

2 「Allway Sync」の<Download>をクリックします。

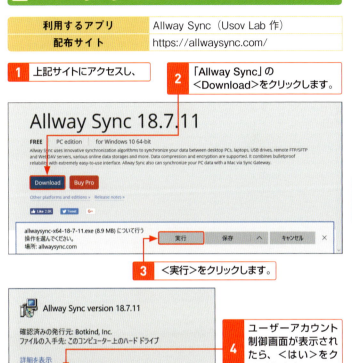

3 <実行>をクリックします。

4 ユーザーアカウント制御画面が表示されたら、<はい>をクリックします。

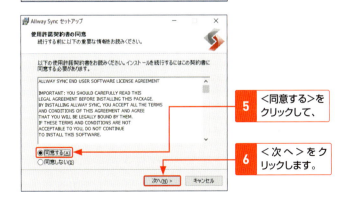

5 <同意する>をクリックして、

6 <次へ>をクリックします。

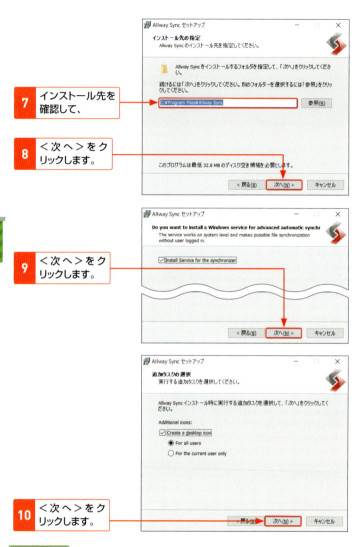

Memo

追加タスクについて

ここでは、特に変更は行わず作業を進めています。特別な理由がない限り、変更の必要はありません。

11 ＜完了＞をクリックします。

12 Allway Syncが起動し、プロファイル画面が表示されます。

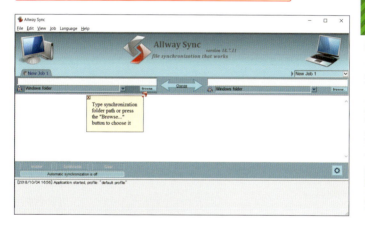

次ページでアプリの設定を行います。

> **Hint**
>
> **無料版Allway Syncの制限について**
>
> 無料版のAllway Syncは、30日間で合計40,000個以上のファイルの同期は行えません。その際は、有料（25.95USドル）のPRO版へのアップグレードを促す画面が表示されます。PRO版へのアップグレードは、Allway Syncのホームページ（http://allwaysync.com/）を開き、＜Buy Pro＞をクリックすることで行えます。

Section

第2章 » パソコンのデータをバックアップ／同期しよう

15 同期アプリの設定を行う

Allway Sync のインストールが終わったら、同期するフォルダーをパソコンとUSBメモリーそれぞれに設定します。また、USBメモリーをパソコンに接続したら、自動同期するように設定します。

1 表示言語を日本語に設定する

ここでは、前ページからの続きで説明しています。

1 <Language>をクリックし、

2 <Japanese>をクリックします。

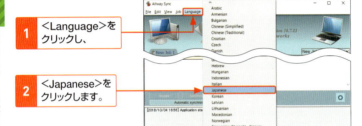

3 日本語表示に設定されました。

Memo

Allway Syncの起動について

Allway Syncは、デスクトップに表示されている<Allway Sync>アイコンをダブルクリックすることで起動できます。

2 パソコン側の同期フォルダーを設定する

1 画面左側の<参照>をクリックします。

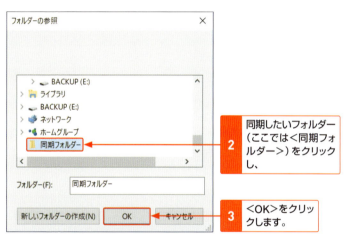

2 同期したいフォルダー（ここでは<同期フォルダー>）をクリックし、

3 <OK>をクリックします。

4 パソコン側の同期フォルダーが設定されます。

第2章 パソコンのデータをバックアップ／同期しよう

51

3 USBメモリー側の同期フォルダーを設定する

1 USBメモリーをパソコンにセットします。

2 画面右側の<参照>をクリックします。

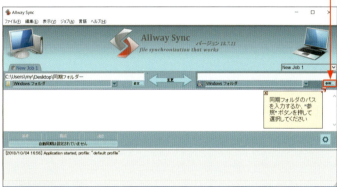

Memo

同期するフォルダーを再設定したいときは

同期フォルダーを設定すると、上記手順 2 の<参照>が<設定>に変わります。左右にある<設定>をクリックすると、同期するフォルダーを再設定できます。

1 画面が開いたら、<参照>をクリックして、

2 同期するフォルダーを選択し、

3 <OK>をクリックします。

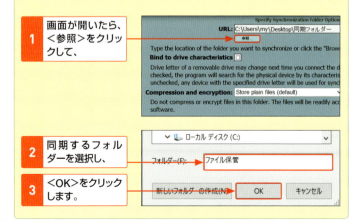

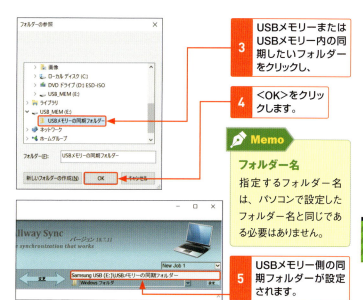

3 USBメモリーまたはUSBメモリー内の同期したいフォルダーをクリックし、

4 <OK>をクリックします。

Memo

フォルダー名

指定するフォルダー名は、パソコンで設定したフォルダー名と同じである必要はありません。

5 USBメモリー側の同期フォルダーが設定されます。

Hint

同期の方向を変更するには

画面中央の<変更>をクリックすると、同期の方向を変更できます。同期の方向は、双方向、左から右、または右から左への片方向の3種類から選択できます。初期値では、パソコンとUSBメモリー両方のデータをチェックし、最新データで統一する双方向が設定されています。

| ここをクリックすると、同期の方向を設定できます。 | **左から右**：左の内容（ここではパソコン側）に右の内容（ここではUSBメモリー側）を合わせます。 | **右から左**：右の内容（ここではUSBメモリー側）に左の内容（ここではパソコン側）を合わせます。 |

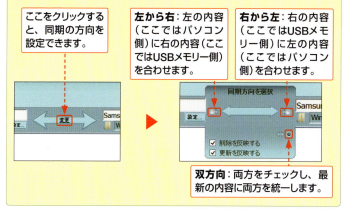

双方向：両方をチェックし、最新の内容に両方を統一します。

4 自動同期の設定を行う

> ここでは、前ページからの続きで説明しています。

1. <ジョブ>をクリックし、
2. <プロパティ>をクリックします。
3. <自動同期>をクリックし、
4. <リムーバブルデバイスが接続された時>をオンにして、
5. <ログアウト時>をオンにします。

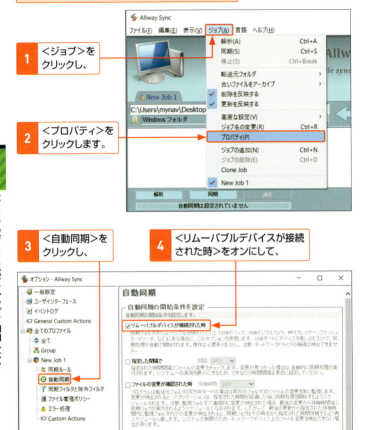

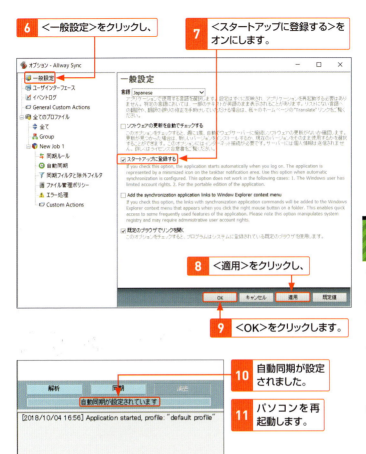

6	<一般設定>をクリックし、
7	<スタートアップに登録する>をオンにします。
8	<適用>をクリックし、
9	<OK>をクリックします。
10	自動同期が設定されました。
11	パソコンを再起動します。

📝 Memo

自動同期について

自動同期は、指定した条件を満たしたときに自動で同期を行う機能です。Allway Syncでは、USBメモリーを接続したとき、指定時間経過後、Windowsの起動時や終了時などさまざまな条件を設定できます。ここでは、USBメモリーを接続したときとWindowsからログアウト(サインアウト)するときに同期を行うように設定しています。

55

Section 第2章 » パソコンのデータをバックアップ/同期しよう

16 ファイルの同期を実行する

同期に関する設定が終わったら、実際に同期を行ってみましょう。ここでは、パソコン側の同期フォルダーにファイルやフォルダーをコピーして、同期動作の確認を行います。

1 ファイルの同期を実行する

1 同期したいファイルやフォルダーを、P.51で登録した同期フォルダーにコピーまたは移動します。

パソコン側の同期フォルダー

2 USBメモリーをパソコンにセットします。

3 とくにメッセージが表示されることもなく、同期が自動実行されます。

> **Memo**
>
> **初期値ではメッセージが表示されない**
>
> P.54の設定を行い、Allway Syncを自動同期で利用すると、初期値では、同期中や同期完了時にもメッセージは表示されません。同期完了時にメッセージを表示したいときは、P.58を参照してください。

2 同期の履歴を確認する

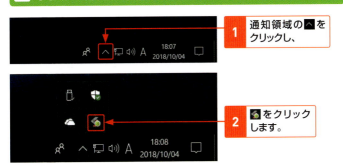

1. 通知領域の∧をクリックし、
2. 🍃をクリックします。
3. Allway Syncのプロファイル画面が開きます。
4. 表示が英語だったときは、P.50の手順で日本語表示に変更してください。

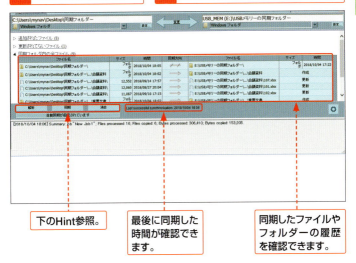

下のHint参照。 / 最後に同期した時間が確認できます。 / 同期したファイルやフォルダーの履歴を確認できます。

Hint

手動で同期を実行するには？

Allway Syncのプロファイル画面を開き、＜同期＞をクリックすると、手動で同期を実行できます。また、＜解析＞をクリックすると、同期が必要なフォルダーやファイルの解析が行われます。履歴を消去したいときは、＜消去＞をクリックします。

同期完了時にメッセージを表示するには？

Allway Syncを自動同期の設定で利用すると、初期の状態では同期中や同期完了時にメッセージが表示されません。同期完了時にメッセージを表示するには、以下の手順で設定を行います。なお、うまく設定が行えないときは、Allway Syncの画面で＜ファイル＞→＜終了＞をクリックして、Allway Syncを一度終了します。その後、デスクトップの＜Allway Sync＞アイコンを右クリックし、＜管理者として実行＞をクリックしてAllway Syncを起動してから設定を行ってください。

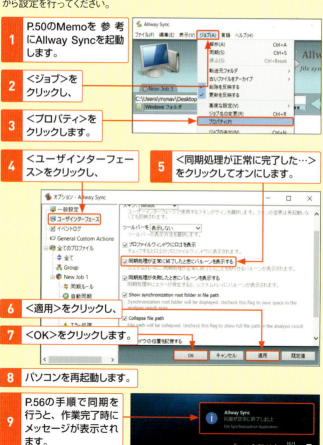

1. P.50のMemoを参考にAllway Syncを起動します。
2. ＜ジョブ＞をクリックし、
3. ＜プロパティ＞をクリックします。
4. ＜ユーザインターフェース＞をクリックし、
5. ＜同期処理が正常に完了した…＞をクリックしてオンにします。
6. ＜適用＞をクリックし、
7. ＜OK＞をクリックします。
8. パソコンを再起動します。
9. P.56の手順で同期を行うと、作業完了時にメッセージが表示されます。

第3章

スマートフォンのデータをバックアップしよう

Section 17	スマートフォン×USBメモリーで何ができる？
Section 18	スマートフォン対応のUSBメモリーを選ぶ
Section 19	スマートフォンでUSBメモリーを使う準備をする
Section 20	AndroidのデータをUSBメモリーにコピーする
Section 21	iPhoneのデータをUSBメモリーにコピーする
Section 22	USBメモリーからデータを復元する
Section 23	パソコンの写真や音楽をスマートフォンに移す

Section 第3章 >> スマートフォンのデータをバックアップしよう

17 スマートフォン×USBメモリーで何ができる?

スマートフォンも大容量化が進んでいます。USBメモリーを活用すれば、スマートフォン内のデータをバックアップしたり、パソコンとデータをやり取りしたりできます。

1 データのバックアップ用にUSBメモリーを使う

AndroidやiPhone／iPadといったモバイル端末には、充電やパソコンとの接続に使う端子が用意されています。AndroidならばUSB端子のMicro-BかType-C、iPhone／iPadならばLightning端子かUSB Type-C端子です。これらの端子を搭載したUSBメモリーを接続すると、スマートフォンでUSBメモリーを外部ストレージとして扱うことができ、スマートフォン内のデータをUSBメモリーにバックアップ可能になります。

❶スマートフォンの端子にUSBメモリーを接続してスマートフォン内のデータをバックアップする。

❷スマートフォン内のデータを消してしまっても、USBメモリーのバックアップから復元することができる。

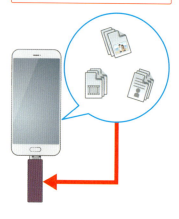

2 デバイス間でのデータ移行にも活用できる

USBメモリーのなかには、パソコンで利用できる一般的なUSB Type-A端子に加えて、Micro-B、Type-C、Lightningといったスマートフォンで採用している端子を備えた製品もあります。こうした複数端子に対応したUSBメモリーを使えば、AndroidスマートフォンとiPhone、さらにパソコンといった複数のデバイス間でデータを移動させることができます。パソコン内の写真や音楽ファイルなどをスマートフォンにコピーするのもかんたんに行えます。

複数の接続端子を搭載したUSBメモリーか、接続したい端子の変換アダプターを用意すれば（P.189参照）、デバイス間のデータコピーがスムーズに行えます。

Section 18 スマートフォン対応のUSBメモリーを選ぶ

第3章 >> スマートフォンのデータをバックアップしよう

USBメモリーをスマートフォンで活用したい場合は、使用しているスマートフォンの接続端子に対応した製品を購入する必要があります。また、変換アダプターを使うという方法もあります。

1 複数の端子に対応したUSBメモリーをセレクトする

スマートフォンのデータをバックアップしたり、ほかのデバイスとデータ交換したりといった用途でUSBメモリーを使用する場合、製品の選択が重要です。一般的なUSB Type-A端子だけを備えたUSBメモリーではスマートフォンの端子に接続することができません。Type-A端子からMicro-B、Type-C、Lightning端子に変換する「変換アダプター」を購入するか、変換アダプターが付属するUSBメモリーを選ぶのもよいですが、標準で複数の端子を搭載する製品を購入すると、より便利に活用することができます。通常のUSBメモリーに比べて値段的には高くなりますが、デバイス間のデータ移行も容易になって便利です。本書では、USB Type-A端子とLightning端子を搭載し、さらにMicro-B、Type-Cの変換アダプターも付属するLogitecのUSBメモリー「LMF-LGU3AGBKシリーズ」を使ってスマートフォンとの連携を行います。

Logitec LMF-LGU3AGBKシリーズ
（16GB／32GB／64GB）
USB3.1対応／オープンプライス

2 Andorid、iPhone、パソコンのすべてに接続できる

複数の接続端子のあるUSBメモリーや変換アダプターが付属するUSBメモリーを用意すると、パソコンやほかのスマートフォンとのデータ交換用に使えるようになります。こうした製品には、バックアップや復元、データ移行に利用できる専用のスマートフォン用アプリが用意されています。本書で手順を紹介するLogitecのLMF-LGU3AGBKシリーズにも、「Logitec EXtorage Link」というアプリが用意され（Android／iPhone用）、PlayストアまたはApp Storeから無料でインストールして使うことができます。ほかの製品にも同じようなアプリが用意されているはずなので、製品マニュアルやホームページなどでチェックしてください。

❶Androidスマートフォンは変換アダプターを使ってUSBのMicro-B端子またはType-C端子で接続。

❷iPhone／iPadはLightning端子で接続。

❸パソコンはUSB Type-A端子で接続。

> **Memo**
>
> **専用アプリの注意点**
>
> スマートフォン対応のUSBメモリーに用意されている専用アプリは、基本的に無料でダウンロードして使用できます。ただし、これらのアプリは対応するUSBメモリーでしか使用できないことが多く、他社のUSBメモリーを接続してもアプリが認識しないケースもあります。アプリをインストールする際には、対応USBメモリーを使っているかチェックしてください。

Section **19**

第3章 >> スマートフォンのデータをバックアップしよう

スマートフォンでUSB メモリーを使う準備をする

スマートフォン対応のUSBメモリーを用意したら、スマートフォンに専用アプリを導入して準備を行います。まずは、専用アプリをダウンロード＆インストールしてみましょう。

> 本章では、LogitecのLMF-LGU3AGBKシリーズのUSBメモリーと、専用アプリ「Logitec EXtorage Link」で説明していきます。また、お使いのスマートフォンによっては手順が異なる場合があります。

1 Androidで専用アプリをインストールする

1 <Play ストア>をタップし、

2 Play ストアにアクセスしたら、画面上部の検索バーに「Logitec EXtorage Link」と入力し、

3 目的のLogitec EXtorage Linkアプリの<インストール>をタップします。

2 iPhone／iPadで専用アプリをインストールする

1 <App Store>をタップし、

2 App Storeにアクセスしたら、画面下部の<検索>をタップします。

3 検索欄に「Logitec EXtorage Link」と入力して、<検索>をタップし、

4 <入手>→<インストール>をタップします。

3 アプリを起動する

1 ダウンロードが終了したら、アイコンをタップしてアプリを起動します。

2 起動時には、「アクセス許可」や「通知の送信」、「使用許諾」などが求められます。その都度、＜OK＞や＜許可＞などをタップして先に進んでください。

📝 Memo

アプリの終了とUSBメモリーの取り外しについて

以降のSectionでは、スマートフォンとUSBメモリーを接続して作業を行いますが、完了後は必ずアプリを終了してからUSBメモリーを取り外してください。アプリを終了しておかないと、バックグラウンドでUSBメモリーにアクセスしている可能性がある状態でUSBメモリーを取り外すこととなり、データが破損してしまうことがあります。

● Androidの場合

ホームボタンをタップするか、戻るボタンをタップしてアプリを終了します。なお、AndroidでUSBメモリーを取り外す場合は、＜設定＞→＜ストレージ＞→＜USBドライブ＞で＜取り出し＞をタップします。

● iPhponeの場合

ホームボタンを2回押して（ホームボタンがない機種では、画面下部から上方向にスワイプして指を止めて）、アプリを上方向にスワイプしてアプリを終了します。

Section 20 AndroidのデータをUSBメモリーにコピーする

第3章 » スマートフォンのデータをバックアップしよう

ここでは、AndroidスマートフォンとUSBメモリーを接続してスマートフォン内のデータをバックアップします。専用アプリを使えば、写真、動画、アドレス帳データのバックアップが可能です。

> ここでは、LogitecのLMF-LGU3AGBKシリーズのUSBメモリーと、専用アプリ「Logitec EXtorage Link」で説明していきます。また、お使いのスマートフォンによっては手順が異なる場合があります。

1 スマートフォン内のデータをUSBメモリーにバックアップする

1 <Logitec EXtorage Link>をダウンロードしたスマートフォンにLMF-LGU3AGBKをセットして、

2 この画面が表示されたら<OK>をタップします。

3 アプリが起動したら<端末から外部ストレージへ>をタップします。

4 スマートフォン内のデータがチェックされたらバックアップしたいデータの項目を選びます。ここでは<写真>をタップします。

Section 第3章 》 スマートフォンのデータをバックアップしよう

21 iPhoneのデータをUSBメモリーにコピーする

ここでは、iPhoneとUSBメモリーを接続してiPhone内のデータをバックアップします。iPhoneの専用アプリを使えば、写真、動画、アドレス帳データをバックアップできます。

ここでは、LogitecのLMF-LGU3AGBKシリーズのUSBメモリーと、専用アプリ「Logitec EXtorage Link」で説明していきます。

1 iPhoneのデータをUSBメモリーにバックアップする

1 ＜Logitec EXtorage Link＞をダウンロードしたiPhoneにLMF-LGU3AGBKをセットして、

2 この画面が表示されたら＜許可＞をタップします。

3 アプリが起動したら＜端末から外部ストレージへ＞をタップします。

Section 22 第3章 » スマートフォンのデータをバックアップしよう

USBメモリーから データを復元する

ここでは、USBメモリーにバックアップしたAndroid／iPhoneのデータを、それぞれの端末に戻す（復元する）方法を確認します。別の端末に復元することもできるのでデータ移行にも使えます。

> ここでは、LogitecのLMF-LGU3AGBKシリーズのUSBメモリーと、専用アプリ「Logitec EXtorage Link」で説明していきます。また、お使いのスマートフォンによっては手順が異なる場合があります。

1 Androidで写真データを復元する

1 AndroidスマートフォンにLMF-LGU3AGBKをセットして、＜Logitec EXtorage Link＞を起動します。

2 ＜外部ストレージから端末へ＞をタップします。

3 復元したい項目を選びます。ここでは＜写真・動画＞をタップします。

2 iPhoneで写真データを復元する

1 iPhoneにLMF-LGU3AGBKをセットして、＜Logitec EXtorage Link＞を起動します。

2 ＜外部ストレージから端末へ＞をタップします。

3 復元したい項目を選びます。ここでは＜写真・動画＞をタップします。

第3章 スマートフォンのデータをバックアップしよう

4 復元したい写真をタップしてチェックをオンにし、

Memo

iPhoneでは復元先選択は不要

P.71で解説したAndroidスマートフォンの復元では、写真を復元する先を選択していましたが、iPhoneではこの作業は不要です。復元した写真データは<写真>アプリに表示されます。

5 <復元>をタップします。

6 <はい>をタップします。

7 USBメモリーの写真がiPhoneに復元されました。

8 <閉じる>をタップして復元を完了します。

P.65のMemoを参考に、アプリを終了してUSBメモリーを取り外します。

Section 第3章 » スマートフォンのデータをバックアップしよう

23 パソコンの写真や音楽をスマートフォンに移す

スマートフォン対応のUSBメモリーを使えば、スマートフォンで撮影した写真をパソコンにコピーしたり、パソコン内の写真や音楽をスマートフォンにコピーしたりすることもできます。

ここでは、LogitecのLMF-LGU3AGBKシリーズのUSBメモリーと、専用アプリ「Logitec EXtorage Link」で説明していきます。また、お使いのスマートフォンによっては手順が異なる場合があります。

⚠️ **スマートフォン内の音楽をUSBメモリーにコピーできる?**

ここで使用している「Logitec EXtorage Link」では、Android／iPhone内の音楽ファイルをUSBメモリーにコピーすることはできません。Androidスマートフォンならば、USBメモリーへの音楽ファイルのコピーが行えるアプリもあります。ただし、ダウンロード購入した音楽ファイルはコピーできない場合もあります。

1 パソコンとUSBメモリーを接続してデータをコピーする

1 スマートフォン対応のUSBメモリーをパソコンにセットして、

2 <エクスプローラー>を開いて<PC>をクリックし、

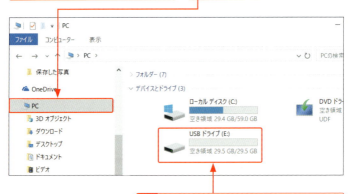

3 USBメモリーのドライブ(ここでは<USBドライブ(E:)>)をダブルクリックします。

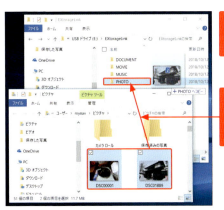

| 4 | USBメモリー内の<EXtorageLink>フォルダーを開いて、 |

| 5 | <PHOTO>フォルダーにパソコン内の写真ファイルをコピーします。 |

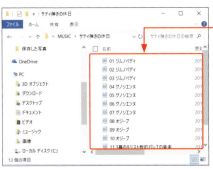

| 6 | 同様に、<EXtorageLink>→<MUSIC>フォルダーにパソコン内の音楽ファイルをコピーします。 |

2 AndroidスマートフォンにUSBメモリーの写真や音楽を移す

| 1 | AndroidにLMF-LGU3AGBKをセットして、<Logitec EXtorage Link>を起動します。 |

| 2 | 写真ファイルは<外部ストレージから端末へ>で移せます(P.70参照)。ここでは音楽ファイルを移します。 |

| 3 | 音楽ファイルを移すには<外部ストレージ>をタップします。 |

第3章 スマートフォンのデータをバックアップしよう

75

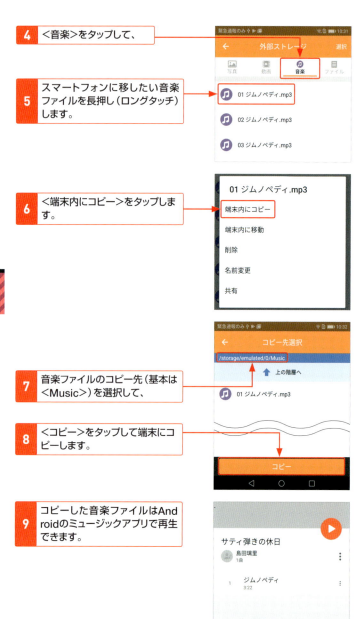

3 iPhoneにUSBメモリーの写真や音楽を移す

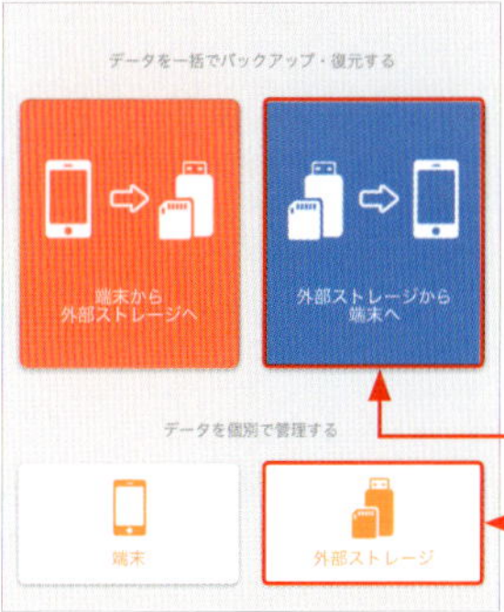

1 iPhoneにLMF-LGU3AGBKをセットして、＜Logitec EXtorage Link＞を起動します。

2 写真ファイルは＜外部ストレージから端末へ＞で移せます（P.72参照）。ここでは音楽ファイルを移します。

3 音楽ファイルを移すには＜外部ストレージ＞をタップします。

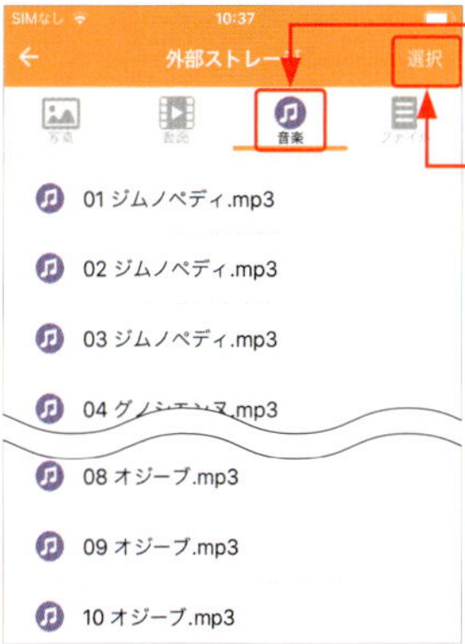

4 ＜音楽＞をタップして、

5 ＜選択＞をタップします（すべての音楽ファイルをコピーしたい場合）。

Hint

個別にコピーするには

音楽ファイルを長押しし、表示されたメニューから＜コピー＞をタップすれば、ファイル単位でiPhoneにコピーすることができます。

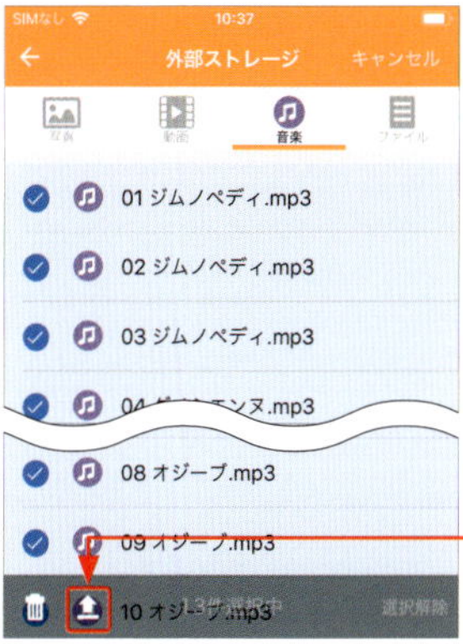

6 すべての音楽ファイルが選択されたら、

7 🖼をタップします。

第3章 スマートフォンのデータをバックアップしよう

| 8 | <端末内にコピー>をタップします。 |

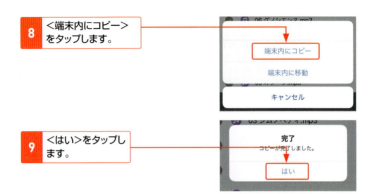

| 9 | <はい>をタップします。 |

Memo

iPhoneに移した音楽ファイルの再生方法

<Logitec EXtorage Link>を使ってUSBメモリーからiPhoneにコピーした音楽ファイルは、<ミュージック>アプリには表示されません。聴きたい場合は<Logitec EXtorage Link>から再生します。

1	<Logitec EXtorage Link>を起動します。
2	<端末>をタップします。
3	<音楽>をタップして、
4	音楽ファイルをタップすると曲が再生されます。

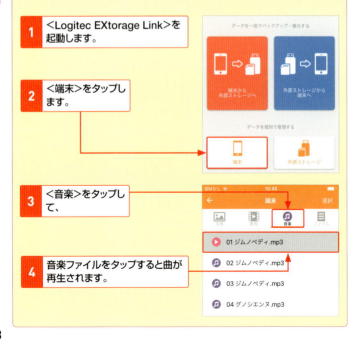

第4章

アプリをUSBメモリーで持ち歩こう

Section 24 USBメモリーでアプリを持ち運ぶには
Section 25 USBメモリーにWebブラウザーを導入する
Section 26 Webブラウザーを利用する
Section 27 USBメモリーにメールアプリを導入する
Section 28 外出先で使うときに便利な設定を行う
Section 29 メールアプリを使って送受信する
Section 30 USBメモリーに画像加工アプリを導入する
Section 31 画像加工アプリを利用する
Section 32 圧縮・展開アプリを導入する
Section 33 圧縮・展開アプリを利用する
Section 34 メディアプレーヤーを導入する
Section 35 メディアプレーヤーでビデオを再生する
Section 36 ファイル復元アプリを導入する
Section 37 削除したファイルを復元する

Section 24 USBメモリーでアプリを持ち運ぶには

第4章 » アプリをUSBメモリーで持ち歩こう

USBメモリーから起動して利用できるアプリをインストールしておけば、外出先のパソコンでもいつもの使い慣れたアプリで、しかもセキュリティの面からも安心して作業することができます。

1 外出先のパソコンのアプリを使うのは危険

ホテルやネットカフェなどにあるパソコンを使う際、何より気をつけたいのは情報の管理です。

外出先のパソコンにインストールされているアプリからメールをチェックしたり、ログインが必要なWebサービスを利用したりすると、ID・パスワード、住所・氏名などの重要な個人情報がパソコンに残り、悪意の第三者に悪用されてしまう危険性があります。ビジネスに関するファイルのやり取りを行う際も、外出先パソコンのアプリでは安全性に問題があるといえるでしょう。個人情報の安全を第一に考えた場合、積極的に利用したいのが、USBメモリーで持ち運ぶアプリです。

2 USBメモリーでアプリを持ち運べば安全

アプリの中には、USBメモリーにインストールし、USBメモリーから直接起動して利用できるものがあります。このタイプのWebブラウザーやメールアプリをUSBメモリーにインストールしておけば、そのUSBメモリーを外出先のパソコンに接続することで、そのパソコンを安全に使うことができます。

また、画像加工アプリや圧縮・展開アプリなどをUSBメモリーにインストールしておけば、出先でも快適に業務を行えるようになります。ほかにもUSBメモリーに入れておくと便利なアプリはあります。メディアプレーヤーを入れておけば多様な形式のビデオや音楽ファイルを再生でき、ファイル復元アプリを入れておけば誤って削除したファイルを元に戻すことができます。USBメモリーでアプリを持ち運んで、安全かつ快適にパソコンを使いこなしましょう。

USBメモリー内にインストールしたアプリを使えば、出先のパソコンでも快適に作業できる

Memo

USBメモリーで使えるアプリとは?

Webブラウザーやメールアプリをはじめ、PDF閲覧アプリなど、USBメモリーではさまざまなアプリを使用できます。なお、USBメモリーで使えるアプリは、USBメモリーから利用できるように設計されたアプリのみとなるので注意しましょう。

Section 25

第4章 >> アプリをUSBメモリーで持ち歩こう

USBメモリーにWebブラウザーを導入する

USBメモリーにWebブラウザーを入れて持ち運べば、どこでも同じ「お気に入り」を利用できるので便利です。また、CookieなどもUSBメモリーに保存できるので、セキュリティが向上します。

1 使い慣れた環境でWebページの閲覧が可能

❶USBメモリーをセットし、

❷アプリを起動すると、

❸日頃使っているWebブラウザーの
・インターネットオプション
・表示履歴
・Cookie（ユーザーIDやパスワードなど）
・お気に入り（ブックマーク）
をそのまま利用できる。

2 Firefox Portableをインストールする

利用するアプリ	Mozilla Firefox, Portable Edition（以下、Firefox Portable）
配布サイト	https://portableapps.com/apps/internet/firefox_portable

1 USBメモリーをパソコンにセットします。

2 上記の配布先サイトのURLにアクセスし、

3 <Japanese>の<Download>をクリックします。

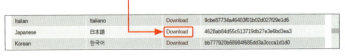

4 <実行>をクリックします。

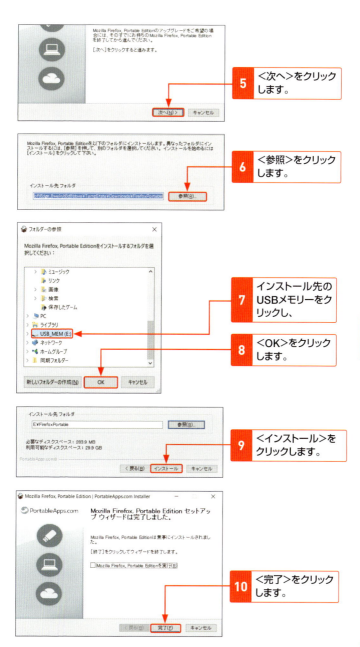

Section 26

第4章 >> アプリをUSBメモリーで持ち歩こう

Webブラウザーを利用する

「Firefox Portable」をインストールしたら、外出先でも使い慣れた環境で利用できるように設定しましょう。Webブラウザーのお気に入り（ブックマーク）やCookieなどの情報をインポートします。

1 Firefox Portableを起動する

1 USBメモリー内の＜Firefox Portable＞フォルダーをダブルクリックし、

2 ＜Firefox Portable＞のアイコンをダブルクリックします。

3 Firefox Portableが起動しました。

アドレスバー兼検索ボックス

Memo

Firefox Portableの使い方

Firefox Portableは、上部のアドレスバー兼検索ボックスを利用してWebページを開きます。ここにURLを入力すればすぐに目的のWebページが表示され、検索キーワードを入力すると、検索サイトが表示されます。また、タブの右横の＋をクリックすると新しいタブが表示されます。

2 Webブラウザーの設定を移行する

1 ▮ をクリックし、

2 ＜ブックマーク＞をクリックします。

3 ＜すべてのブックマークを表示＞をクリックします。

4 ＜インポートとバックアップ＞をクリックし、

5 ＜他のブラウザーからデータをインポート＞をクリックします。

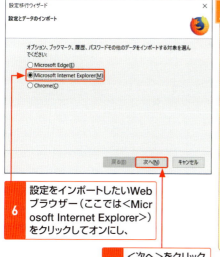

6 設定をインポートしたいWebブラウザー（ここでは＜Microsoft Internet Explorer＞）をクリックしてオンにし、

7 ＜次へ＞をクリックします。

Memo

設定をインポートできるWebブラウザー

Firefox Portableに設定をインポートできるWebブラウザーは、Microsoft Edge／Internet Explorer／Chromeとなっています。ただしMicrosoft Edgeについては2018年11月現在、アプリの不具合によりインポートができない場合があります。

| 8 | インポートする項目をクリックしてオンにし、 |

| 9 | <次へ>をクリックします。 |

| 10 | データがインポートされたら、<完了>をクリックします。 |

第4章 アプリをUSBメモリーで持ち歩こう

📝 Memo

お気に入りをバックアップする

Firefox Portableで追加したお気に入りは、HTML形式でバックアップを作成することができます。P.85の手順3で表示した「ブラウジングライブラリー」画面から以下の手順で行います。

| 1 | <インポートとバックアップ>をクリックし、 |
| 2 | <HTMLとしてエクスポート>をクリックします。 |

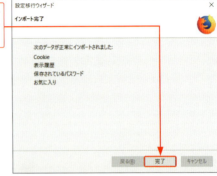

| 3 | 画面が表示されたら、保存先やファイル名を入力し、<保存>をクリックします。 |

3 ブックマークを開く

ここでは、P.85で移行したブックマーク（お気に入り）を開きます。

1. をクリックし、

2. 左側に表示されたサイドバーの＜Internet Explorerから＞をクリックします。

3. 表示したいホームページ（ここでは＜Yahoo! JAPAN＞）をクリックします。

4. ホームページが表示されました。

※画面左側のサイドバー上部にある×をクリックするとサイドバーが非表示になります。

📝 Memo

ブックマークに追加したいときは

表示中のホームページをブックマーク（お気に入り）に追加したいときは、アドレスバー内の☆をクリックします。すると、上記手順1で表示したサイドバーにブックマークが追加されます。

☆をクリックすると、★に変わり、表示中のホームページがブックマークに追加されます。

第4章 アプリをUSBメモリーで持ち歩こう

Section 第4章 >> アプリをUSBメモリーで持ち歩こう

27 USBメモリーにメールアプリを導入する

USBメモリーにメールアプリをインストールしておけば、ホテルやネットカフェなどに設置されている外出先のパソコンを使っても、自分のメールアカウントでいつでもメールの送受信を行えます。

1 いつでもどこでもメールの送受信が可能

❶USBメモリーをセットし、

❷アプリを起動すると、

❸メールの送受信が可能に。

2 Thunderbird Portableをインストールする

利用するアプリ	Mozilla Thunderbird, Portable Edition（以下、Thunderbird Portable）
配布サイト	https://portableapps.com/apps/internet/thunderbird_portable

1 USBメモリーをパソコンににセットします。

2 上記の配布サイトのURLにアクセスし、

3 ＜Japanese＞の＜Download＞をクリックします。

4 ＜実行＞をクリックします。

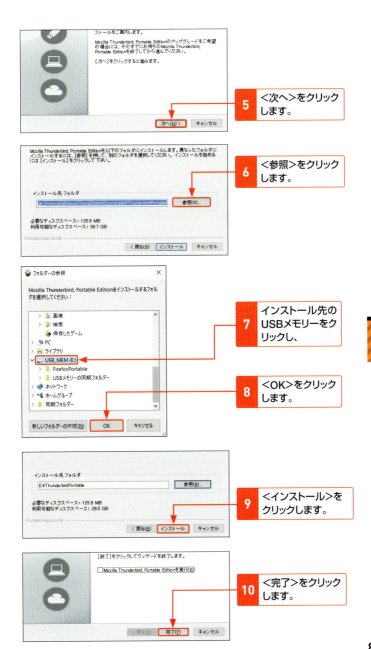

3 メールアカウントの設定を行う

1 USBメモリー内の、＜ThunderbirdPortable＞フォルダーをダブルクリックします。

2 ＜ThunderbirdPortable＞のアイコンをダブルクリックします。

3 ＜アカウントのセットアップ＞欄の＜メール＞をクリックします。

4 受信者に表示される名前を入力します。

5 メールアドレスを入力して、

6 パスワードを入力し、

7 ＜続ける＞をクリックします。

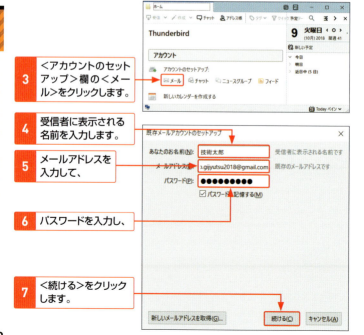

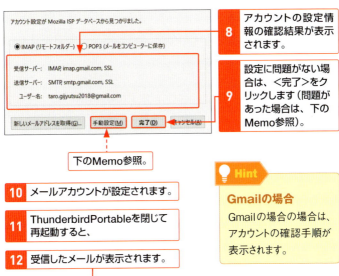

8 アカウントの設定情報の確認結果が表示されます。

9 設定に問題がない場合は、＜完了＞をクリックします（問題があった場合は、下のMemo参照）。

下のMemo参照。

10 メールアカウントが設定されます。

11 ThunderbirdPortableを閉じて再起動すると、

12 受信したメールが表示されます。

> 💡 **Hint**
>
> **Gmailの場合**
>
> Gmailの場合の場合は、アカウントの確認手順が表示されます。

> ✏️ **Memo**
>
> **設定を手動で変更したいときは**
>
> Thunderbird Portableが検出した設定が間違っていたときは、＜手動設定＞をクリックして設定を修正します。また、プロバイダーメールを設定する場合も、この画面で＜受信サーバー＞と＜送信サーバー＞の設定を行い、＜ユーザー名＞を入力します。

Section 28 第4章 >> アプリをUSBメモリーで持ち歩こう

外出先で使うときに便利な設定を行う

異なるパソコンからメールを送信したときに困るのが、誰にどんな内容のメールを送信したかわからなくなることです。ここでは、送信済みメールをどこでも確認できる方法を紹介します。

1 送信済みメールをどこでも確認できるようにする

送信済みメールのコピーを会社や自宅のメールアドレスに送信するように設定しておけば、外出先で送信したメールを会社や自宅でも確認できます。このようにしておくことで、誰にどんな内容のメールを送信したかを残しておくことができます。

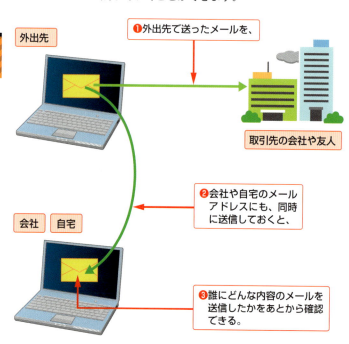

2 送信メールのコピーを自分宛てに送るように設定する

1 P.90の方法で、Thunderbird Portableを起動します。

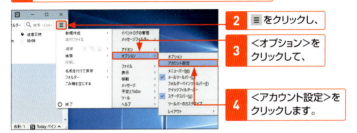

2 ≡ をクリックし、

3 <オプション>をクリックして、

4 <アカウント設定>をクリックします。

5 <送信控えと特別なフォルダー>をクリックし、

6 <次のメールアドレスをBccに追加する>をクリックしてオンにします。

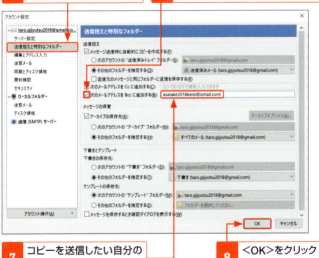

7 コピーを送信したい自分のメールアドレスを入力し、

8 <OK>をクリックします。

📝 Memo

複数の宛先にメールを送るには

ここでは、1つの宛先に送信メールのコピーを送っていますが、手順**7**で「,（半角カンマ）」で区切って宛先の入力を行うと、複数の宛先に送信メールのコピーを送信できます。

第4章 アプリをUSBメモリーで持ち歩こう

Section 29

第4章 » アプリをUSBメモリーで持ち歩こう

メールアプリを使って送受信する

メールアプリの設定が終わったら、実際にメールの送受信が行えるかどうかをチェックしてみましょう。ここでは、自分宛てにメールを送信し、送信したメールが受信できるかどうかを確認します。

1 メールを送信する

ここでは、前ページからの続きで説明しています。

1 <作成>をクリックします。

2 宛先を入力します。

3 件名を入力して、

4 本文を入力します。

5 <送信>をクリックします。

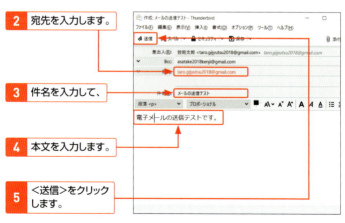

2 メールを受信する

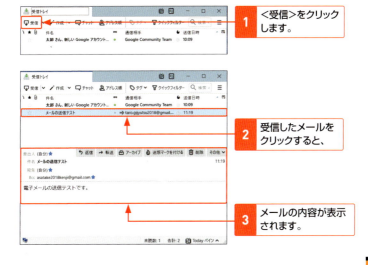

 Memo

メールを送信できないときは

メールを送信できないときは、接続先であるプロバイダーの送信（SMTP）サーバーのポート番号が「25」ではない可能性があります。これは迷惑メール対策によるもので、ポート番号を「587」に変更することで対処できます。

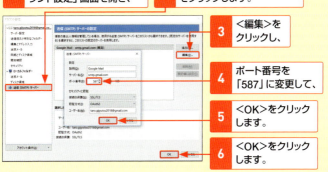

3 メールに返信する

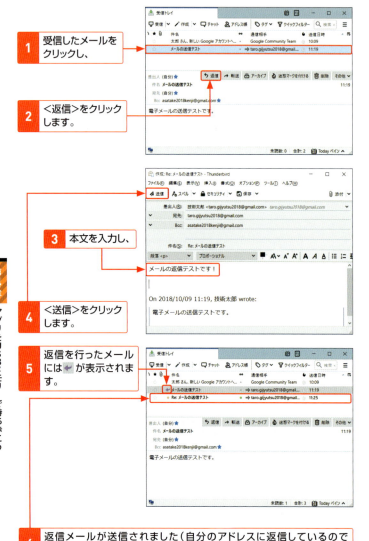

1 受信したメールをクリックし、

2 <返信>をクリックします。

3 本文を入力し、

4 <送信>をクリックします。

5 返信を行ったメールには ← が表示されます。

6 返信メールが送信されました(自分のアドレスに返信しているのでThunderbird Portableで受信しています)。

4 別のメールアドレスでメールを確認する

1 P.93の設定で、コピーを送信するようにしていると、メールの作成・返信時に＜Bcc＞が設定されます。

2 Bccに設定したメールアカウントにメールの送信・返信メールのコピーが送信されました。

📝 Memo

メールを転送する

受信したメールの内容を表示した状態で＜転送＞をクリックし、開いたメール作成画面で別の宛先を入力すると、受信したメールの内容を転送できます。

件名の先頭には「Fwd:」の文字が付与されます。

Section 30 第4章 >> アプリをUSBメモリーで持ち歩こう

USBメモリーに画像加工アプリを導入する

写真や画像は現代では欠かせないコミュニケーション手段で、SNSなどで利用する機会も多いでしょう。写真を編集/加工できるアプリをUSBメモリーに入れておけば、外出先でも安心です。

1 仕事や個人の写真や画像をいつでも編集可能

❶USBメモリーをセットし、

❷アプリを起動すると、

❸写真や画像の高度な編集ができる。

2 GIMP Portableをインストールする

利用するアプリ	GIMP Portable
配布サイト	https://portableapps.com/apps/graphics_pictures/gimp_portable

1 USBメモリーをパソコンにセットします。

2 上記の配布先サイトのURLにアクセスし、

3 <Download from PortableApps.com>をクリックします。

GIMP Portable

image editor

Download from PortableApps.com

Version 2.10.6 Rev 2 for Windows, Multilingual
103MB download / 389-507MB installed
Notes | Details

4 <実行>をクリックします。

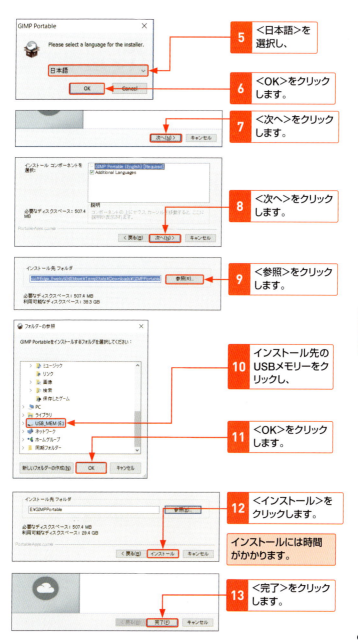

Section 31 画像加工アプリを利用する

第4章 » アプリをUSBメモリーで持ち歩こう

「GIMP Portable」は、JPEG、TIFF、PNGなど多彩な画像形式に対応した画像編集／加工アプリで、市販のアプリに負けないほどの充実した機能を利用できます。ここではその一部を紹介します。

1 GIMP Portableに画像を表示する

1 USBメモリー内の＜GIMPPortable＞フォルダーをダブルクリックし、＜GIMPPortable＞のアイコンをダブルクリックします。

2 GIMP Portableが起動しました。

3 編集したい写真を画像ウィンドウにドラッグ＆ドロップすると、

4 写真が表示されます。

Memo

日本語表示にするには

GIMP Portableが英語表示になっている場合は、＜Edit＞→＜Preferences＞とクリックし、＜Interface＞タブの「Language」から＜Japanese[ja]＞を選択して＜OK＞をクリックします。GIMP Portableを再起動すると日本語表示になります。

2 写真のホワイトバランスを補正する

ここでは、前ページからの続きで説明しています。

1. <色>をクリックし、
2. <自動補正>をポイントし、
3. <ホワイトバランス>をクリックします。

4. ホワイトバランスが自動で補正されました。

Memo

修整後の画像を保存するには

修整後の画像を保存するときは、<ファイル>をクリックし、<名前を付けてエクスポート>をクリックします。「画像をエクスポート」画面が表示されるので、ファイル名や保存先を指定して<エクスポート>をクリックします。GIMP Portableでは、<保存>または<名前を付けて保存>をクリックすると、GIMP Portable 独自形式のxcf形式でしか画像を保存できないので注意してください。

3 写真のカラーバランスを調整する

1 <色>をクリックして、

2 <Color Balance...>をクリックします。

3 <シアン><マゼンタ><イエロー>のスライドバーをドラッグして色の調整を行い、

4 <OK>をクリックします。

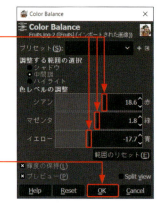

5 カラーバランスが変更されました。

Memo

プレビューで確認する

カラーバランスの調整を行うと、画像ウィンドウに変更結果がプレビューされます。プレビューを参考に、カラーバランスの調整を行いましょう。また、<範囲のリセット>をクリックすると、カラーバランスを初期状態に戻すことができます。

4 写真をトリミングする

1. ＜矩形選択＞をクリックし、
2. トリミングしたい範囲をドラッグします。

3. ＜画像＞をクリックし、
4. ＜選択範囲で切り抜き＞をクリックします。

5. 選択した範囲で写真が切り抜かれました。

Section **32**　第4章 » アプリをUSBメモリーで持ち歩こう

圧縮・展開アプリを導入する

Windowsが標準サポートしているファイル圧縮はzip形式のみです。ファイル圧縮にはいろいろな形式があるので、圧縮／展開アプリをインストールしておくと、zip形式以外にも対応できて便利です。

1 さまざまな圧縮ファイルに対応可能

❶USBメモリーをセットし、

❷アプリを起動すると、

❸Windowsが標準対応していない圧縮ファイルも展開できる。

2 7-Zip Portableをインストールする

利用するアプリ	7-Zip Portable
配布サイト	https://portableapps.com/apps/utilities/7-zip_portable

1 USBメモリーをパソコンにセットします。

2 上記の配布先サイトのURLにアクセスし、

3 <Download from PortableApps.com>をクリックします。

4 <実行>をクリックします。

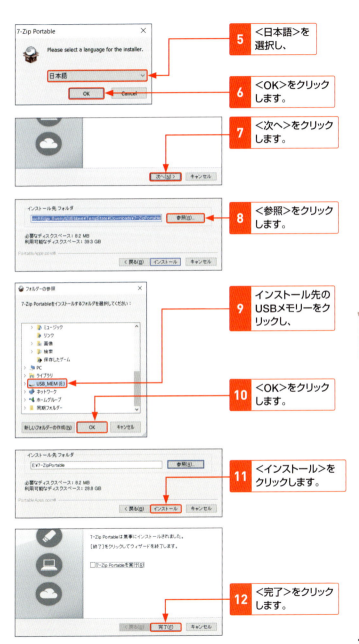

Section | 第4章 » アプリをUSBメモリーで持ち歩こう

33 圧縮・展開アプリを利用する

圧縮／展開アプリをインストールしたら、日本語化を行い、実際に使ってみましょう。ここでは、「7-Zip Portable」の起動や日本語化の方法、もっともかんたんな圧縮／展開方法を紹介します。

1 7-Zip Portableを起動する

1. USBメモリー内の＜7-ZipPortable＞フォルダーをダブルクリックします。

2. ＜7-ZipPortable＞のアイコンをダブルクリックします。

3. 7-Zip Portableが起動しました。

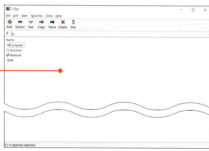

Memo

7-Zip Portableが対応するファイル形式

7-Zip Portableは、非常に多くの圧縮ファイル形式に対応しています。対応する形式は以下のとおりです。

圧縮・展開	7z、XZ、BZIP2、GZIP、TAR、ZIP、WIM
展開のみ	AR、ARJ、CAB、CHM、CPIO、CramFS、DMG、EXT、FAT、GPT、HFS、IHEX、ISO、LZH、LZMA、MBR、MSI、NSIS、NTFS、QCOW2、RAR、RPM、SquashFS、UDF、UEFI、VDI、VHD、VMDK、WIM、XAR、Z

2 7-Zip Portableを日本語化する

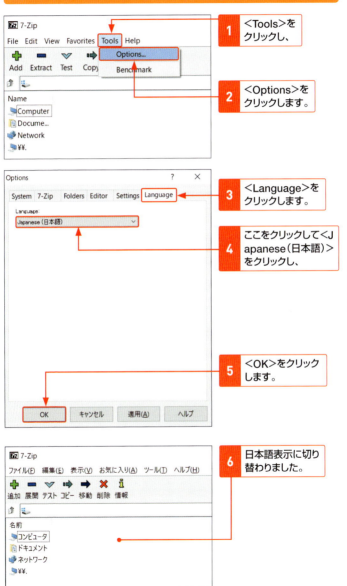

3 圧縮ファイルを展開する

1 あらかじめ、展開したい圧縮ファイルをUSBメモリーに移動しておきます。

2 <コンピュータ>をダブルクリックし、

3 USBメモリーのドライブ(ここでは<E:>)をダブルクリックします。

4 展開したい圧縮ファイルをクリックし、

5 <展開>をクリックします。

6 <展開先>を確認し、

7 <OK>をクリックします。

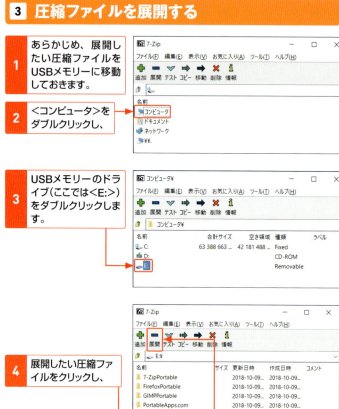

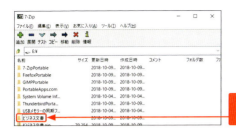

8 ファイルが展開されました。

4 ファイルやフォルダーを圧縮する

1 7-Zip Portableで圧縮したいファイル／フォルダーをクリックし、

2 7-Zip Portableの画面内にドラッグ＆ドロップします。

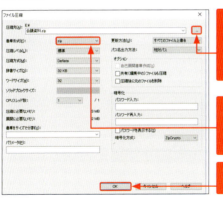

3 <圧縮先>の…ボタンをクリックしてUSBメモリーのドライブ（ここでは<E:>）を指定します。

4 ここをクリックし、書庫（圧縮）形式を選択します（ここでは<zip>）。

5 <OK>をクリックします。

6 USBメモリー内に圧縮ファイルが作成されました。

Section 34

第4章 >> アプリをUSBメモリーで持ち歩こう

メディアプレーヤーを導入する

数多くの形式がある動画／音楽ファイルは、入手してみたものの再生できなかったということがよくあります。多機能なメディアプレーヤーをUSBメモリーで持ち運べば、そんなときも安心です。

1 さまざまな形式の動画／音楽ファイルを再生可能

❶USBメモリーをセットし、

❷アプリを起動すると、

❸CD／DVDはもちろん、さまざまな形式の動画／音楽ファイルを再生できる。

2 VLC Media Player Portableをインストールする

利用するアプリ	VLC Media Player Portable
配布サイト	http://portableapps.com/apps/music_video/vlc_portable

1 USBメモリーをパソコンにセットします。

2 上記の配布先サイトのURLにアクセスし、

3 <Download from PortableApps.com>をクリックします。

4 <実行>をクリックします。

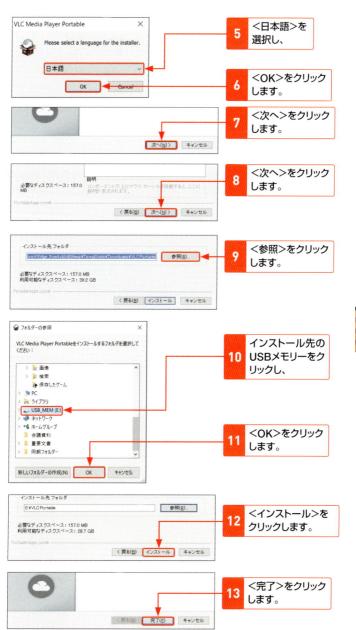

Section

第4章 » アプリをUSBメモリーで持ち歩こう

35 メディアプレーヤーでビデオを再生する

「VLC Media Player Portable」をインストールしたら、音楽／動画を再生してみましょう。本アプリは、数多くの種類のメディアファイルとDVDビデオなどの再生に対応しています。

1 VLC Media Player Portableを起動する

1 USBメモリー内の、<VLCPortable>フォルダーをダブルクリックします。

2 <VLCPortable>のアイコンをダブルクリックします。

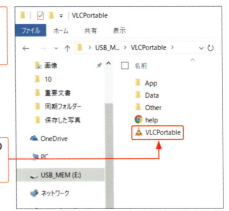

3 VLC Media PlayerPortableが起動し、「プライバシーとネットワークポリシー」画面が表示されます。

4 <続ける>をクリックすると、

5 「プライバシーとネットワークポリシー」画面が閉じます。

2 動画ファイルを再生する

ここでは、前ページからの続きで説明しています。

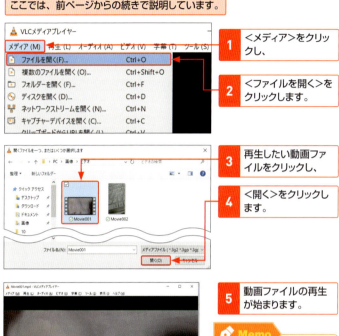

1. <メディア>をクリックし、
2. <ファイルを開く>をクリックします。
3. 再生したい動画ファイルをクリックし、
4. <開く>をクリックします。

5. 動画ファイルの再生が始まります。

> **Memo**
>
> **音楽ファイルの再生**
> 音楽ファイルを再生したいときも、同じ操作で再生できます。

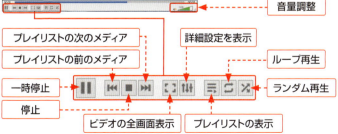

- 音量調整
- プレイリストの次のメディア
- プレイリストの前のメディア
- 詳細設定を表示
- ループ再生
- 一時停止
- ランダム再生
- 停止
- ビデオの全画面表示
- プレイリストの表示

Section

第4章 » アプリをUSBメモリーで持ち歩こう

36 ファイル復元アプリを導入する

誤って削除してしまったデータは、削除後すぐにデータ復元アプリを使うことで復元できます。USBメモリーにデータ復元アプリを入れて持ち歩けば、大切なデータを誤って削除したときでも安心です。

1 USBメモリー／HDD内のデータを復元

❶USBメモリーをセットし、

❷アプリを起動すると、

❸誤って削除したデータを復元できる。

2 Wise Data Recovery Portableをインストールする

利用するアプリ	Wise Data Recovery Portable
配布サイト	https://portableapps.com/apps/utilities/wise-data-recovery-portable

1 USBメモリーをパソコンにセットします。

2 上記の配布先サイトのURLにアクセスし、

3 <Download from PortableApps.com>をクリックします。

4 <実行>をクリックします。

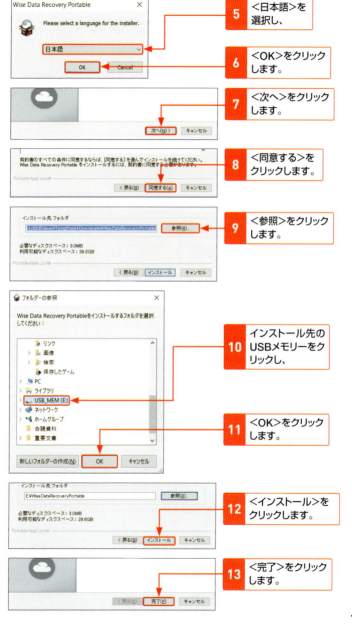

Section **37** 第4章 》 アプリをUSBメモリーで持ち歩こう

削除したファイルを復元する

「Wise Data Recovery Portable」をインストールしたら、削除したファイルを復元してみましょう。削除されたデータは、もともと保存されていたドライブとは別のドライブに復元されます。

1 Wise Data Recovery Portableの起動と初期設定

1 USBメモリー内の＜WiseDataRecoveryPortable＞フォルダーをダブルクリックします。

2 ＜WiseDataRecoveryPortable＞をダブルクリックします。

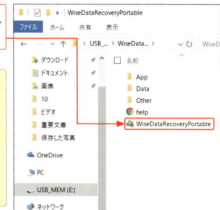

Memo

「ユーザーアカウント制御」画面

「ユーザーアカウント制御」画面が表示されたときは、＜はい＞または＜続行＞をクリックします。

3 Wise Data Recovery Portableが起動します。

116

2 削除したデータを復元する

ここでは、USBメモリー内のデータを復元する方法を説明します。HDD内のデータも同じ手順で復元できます。

1 ▼をクリックし、

2 復元したいデータが保存されたドライブ（ここでは＜USB_MEM(E:)＞）をクリックします。

3 ＜スキャン＞をクリックします。

4 削除されたファイルのリストが表示されます。

5 復元したいファイルをクリックしてオンにし、

6 ＜復元＞をクリックします。

7 復元先をクリックし、

Memo

復元先の選択

削除したファイルの復元先として、復元元のドライブは選択できません。必ず、復元元ドライブとは別のドライブを選択する必要があります。

8 ＜OK＞をクリックします。

9 <OK>をクリックします。

10 エクスプローラーが開き、ファイルが復元されていることを確認できます。

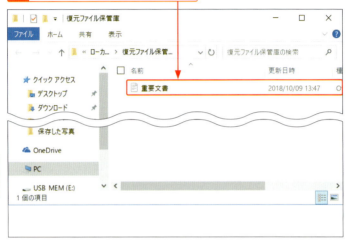

Hint

復元可能なファイル

P.117の手順4で表示されるリストでは、「復元成功率」の項目で復元の可能性がどの程度あるかを確認できます。「復元成功率」が表示されていないときは、画面下のスクロールバーを右に動かします。

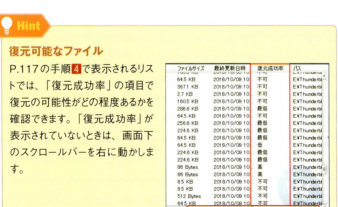

第5章

CD／DVDを USBメモリーで 持ち歩こう

Section 38	CD／DVDをUSBメモリーに格納するには
Section 39	イメージファイル作成アプリを導入する
Section 40	CD／DVDのイメージファイルを作成する
Section 41	Windows 10／8.1でイメージファイルを読み出す
Section 42	Windows 7でイメージファイルを読み出す
Section 43	イメージファイルを取り外す

Section 第5章 » CD／DVDをUSBメモリーで持ち歩こう

38 CD／DVDをUSBメモリーに格納するには

CDやDVDに保存してある過去の資料などをUSBメモリーに入れておけば、かさばるCD／DVDディスクをわざわざ持ち運ばなくても、外出先などで手軽に資料を参照することができます。

1 かさばるCD／DVDをUSBメモリーで持ち運ぶ

数枚程度であれば持ち運んでもそれほど邪魔にならないCD／DVDですが、多くの枚数を持ち歩こうとすると意外にかさばります。そんなときに便利なのが、CD／DVDの内容をイメージファイル化してUSBメモリーに保存してしまう方法です。イメージファイルとは、CD／DVD内に記録されているデータを1つのファイルにまとめて保存したものです。仮想化ソフトと呼ばれるアプリを使うことで、本物のCD／DVDのように利用できます。

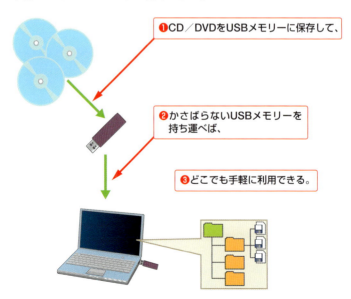

❶CD／DVDをUSBメモリーに保存して、

❷かさばらないUSBメモリーを持ち運べば、

❸どこでも手軽に利用できる。

2 外出先で利用するための手順

CD／DVDのデータをUSBメモリーで持ち運ぶには、CD／DVDのイメージファイルと仮想化ソフトが必要です。CD／DVDのイメージファイルは、CD／DVDライティングアプリをUSBメモリーにインストールして作成します。作成したCD／DVDのイメージファイルを読み出すには、Windows 10／8.1の場合は標準で機能が備わっていますが、Windows 7の場合は仮想化ソフトを利用する必要があるので、あらかじめUSBメモリーにインストールしておきましょう。

Section 第5章 >> CD／DVDをUSBメモリーで持ち歩こう

39 イメージファイル作成アプリを導入する

Windowsの標準機能では、CD／DVDからイメージファイルを作成できません。CD／DVDライティングアプリをインストールしておけば、いつでもイメージファイルを作成できます。

1 CD／DVDからイメージファイルを作成

❶USBメモリーをセットし、

❷アプリを起動すると、

❸CD／DVDのイメージファイルを作成できる。

2 InfraRecorder Portableをインストールする

利用するアプリ	InfraRecorder Portable
配布サイト	https://portableapps.com/apps/utilities/infrarecorder_portable

1 USBメモリーをパソコンにセットします。

2 上記の配布先サイトのURLにアクセスし、

3 ＜Download from PortableApps.com＞をクリックします。

InfraRecorder Portable

CD/DVD/ISO burner

Download from PortableApps.com

Version 0.53 Rev 2 for Windows, Multilingual
4MB download / 14MB installed
Details

InfraRecorder Portable can run from a cloud folder, external drive, or local folder without installing the PortableApps.com Platform for easy installs and automatic updates.

Description

InfraRecorder is a free CD/DVD burning solution for Microsoft Windows. It offers a wide range of powerful features including:

- Create custom data, audio and mixed-mode projects and record them to physical discs as well as disc images.
- Supports recording to dual-layer DVDs.
- Blank (erase) rewritable discs using four different methods.
- Record disc images (ISO and BIN/CUE).

| 4 | <保存>をクリックします。 |

| 5 | <フォルダーを開く>をクリックします。 |

| 6 | <InfraRecorderPortable_0.53_Rev_2.paf>をダブルクリックします。 |

Memo

ユーザーアカウント制御

<InfraRecorderPortable_0.53_Rev_2.paf>をダブルクリックして、ユーザーアカウント制御の画面が表示された場合は<はい>をクリックします。

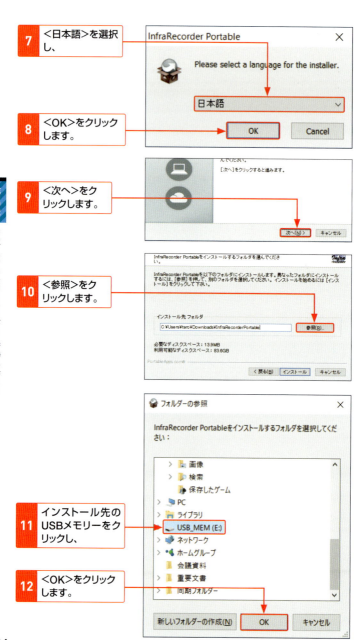

13 <インストール>をクリックします。

14 USBメモリーにインストールされます。

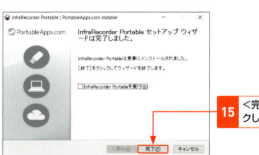

15 <完了>をクリックします。

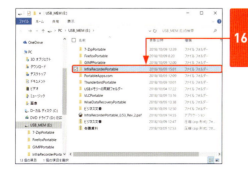

16 <InfraRecorderPortable>フォルダーにアプリがインストールされました。

Section 40

第5章 » CD／DVDをUSBメモリーで持ち歩こう

CD／DVDのイメージファイルを作成する

「InfraRecorderPortable」をUSBメモリーにインストールしたら、持ち運びたいCD／DVDのイメージファイルをUSBメモリーに保存してみましょう。

1 イメージファイルを作成する

1. イメージを作成したいCD／DVDをドライブにセットします。

2. USBメモリー内の＜InfraRecorderPortable＞フォルダーをダブルクリックして開きます。

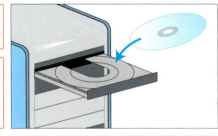

3. ＜InfraRecorderPortable＞のアイコンをダブルクリックします。

4. InfraRecorderPortableが起動しました。

5. ＜ReadDisc＞をクリックします。

Memo

日本語表示にするには

InfraRecorderPortableが英語表示になっている場合は、＜Options＞→＜Configuration＞とクリックし、＜Language＞タブの「Language」から＜Japanese＞を選択して＜OK＞をクリックします。InfraRecorderPortableを再起動すると日本語表示になります。

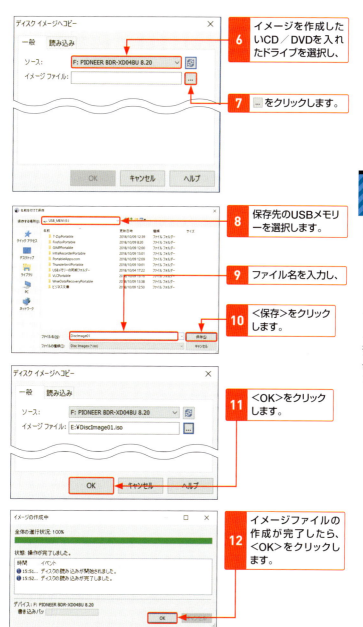

Section 41

第5章 >> CD／DVDをUSBメモリーで持ち歩こう

Windows 10／8.1でイメージファイルを読み出す

Windows 10／8.1には、標準でCD／DVDのイメージファイルを読み出す機能が備わっています。ここでは、Windows 10を利用して、イメージファイルを読み出す方法を説明します。

1 イメージファイルを読み出す

1. USBメモリーをパソコンにセットします。

2. USBメモリー内の、読み出したいイメージファイルをクリックし、

3. <管理>をクリックします。

4. <マウント>をクリックします。

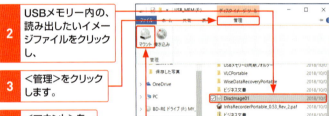

5. 仮想ドライブが追加され、

6. イメージファイルの内容が表示されます。

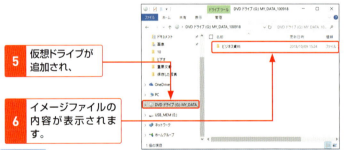

💡 Hint

イメージファイルの操作

読み出したイメージファイルは、CD／DVDディスクを光学ドライブにセットしたときと同じように扱われます。ファイルの読み出しは行えますが、書き込みは行えません。

2 イメージファイルを取り出す

1 エクスプローラーを表示します。

2 <PC>をクリックします。

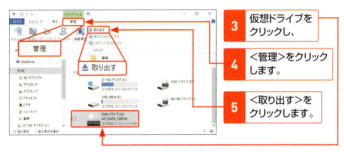

3 仮想ドライブをクリックし、

4 <管理>をクリックします。

5 <取り出す>をクリックします。

6 仮想ドライブのアイコンが消えます。

> **Hint**
>
> **仮想ドライブ**
>
> Windows 10／8.1では、ディスクイメージを取り出すと、追加されていた仮想ドライブがパソコン上で見えなくなります。

Section **42** 第5章 » CD／DVDをUSBメモリーで持ち歩こう

Windows 7でイメージファイルを読み出す

Windows 7で、CD／DVDのイメージファイルを読み出すには、仮想化ソフトが必要です。仮想化ソフトを持ち運べば、Windows10／8.1以外のパソコンでもイメージファイルを読み出せます。

1 CD／DVDのイメージファイルを読み出せる

❶USBメモリーをセットし、

❷アプリを起動すると、

❸CD／DVDのイメージファイルを読み出せる。

2 WinCDEmu Portableをインストールする

利用するアプリ	WinCDEmu Portable（以下、WinCDEmu）
配布サイト	http://wincdemu.sysprogs.org/portable/

1 USBメモリーをパソコンにセットします。

2 上記の配布サイトのURLにアクセスし、

3 <DOWNLOAD>をクリックします。

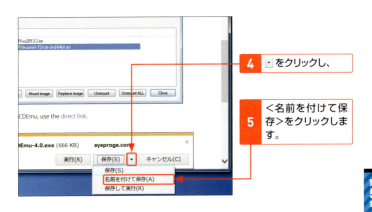

4 ▼ をクリックし、

5 <名前を付けて保存>をクリックします。

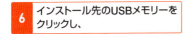

6 インストール先のUSBメモリーをクリックし、

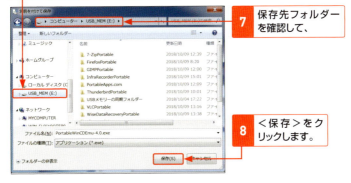

7 保存先フォルダーを確認して、

8 <保存>をクリックします。

9 ダウンロードが完了したら、×をクリックして、Webブラウザーを閉じます。

3 WinCDEmuでイメージファイルを読み出す

1 USBメモリー内の<PortableWinCDEmu-4.0.exe>をダブルクリックします。

2 「ユーザーアカウント制御」画面が表示されたら、

3 <はい>をクリックします。

4 <はい>をクリックします。

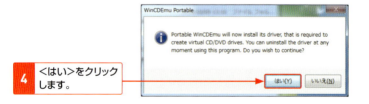

Hint

Windows 10／8.1での利用

WinCDEmuは、Windows 7だけでなく、Windows 10／8.1でも同じ手順で利用できます。

| 5 | WinCDEmuが起動しました。 |

| 6 | <Mount image>をクリックします。 |

| 7 | USBメモリー内の、読み出したいイメージファイルをクリックし、 |

| 8 | <開く>をクリックします。 |

| 9 | 仮想ドライブが追加され、イメージファイルが読み出されます。 |

| 10 | エクスプローラーを表示し、追加された仮想ドライブをクリックすると、 |

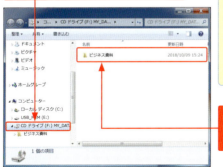

Hint

WinCDEmuの画面

<Close>をクリックすると、WinCDEmuの画面を終了できます。画面を終了しても、イメージファイルの読み出しは問題なく行えます。

| 11 | イメージファイルの内容が表示されます。 |

Hint

複数のイメージファイルの読み出し

手順6からの作業を繰り返し行うと、新しいドライブが追加されて別のイメージファイルを登録できます。

Section 43 第5章 » CD／DVDをUSBメモリーで持ち歩こう

WinCDEmuでイメージファイルを取り出す

WinCDEmuでは、CD／DVDメディアの取り出しに相当する作業を「アンマウント」と呼びます。この作業を行うと、読み出し中のイメージファイルを仮想ドライブから取り出せます。

1 Window 7でアンマウントする

1 P.132の手順でWinCDEmuを起動し、

2 アンマウントしたいイメージファイルをクリックして、

3 <Unmount>をクリックします。

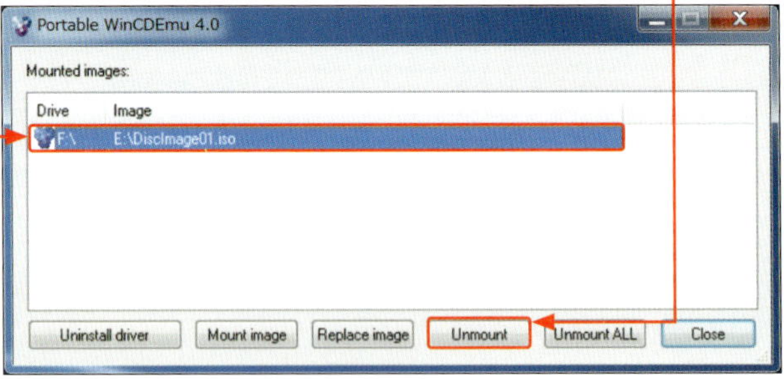

4 イメージファイルがアンマウントされます。

Memo

すべてのイメージファイルのアンマウント

<Unmount ALL>をクリックすると、読み出し中のすべてのイメージファイルをアンマウントできます。

2 WinCDEmuを完全終了する

1 <Uninstall driver>をクリックします。

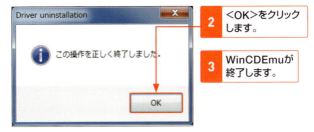

2 <OK>をクリックします。

3 WinCDEmuが終了します。

Hint

エクスプローラーで取り出す

エクスプローラーで仮想ドライブを右クリックして<取り出し>をクリックしても、イメージファイルを取り出すことができます。

Memo

WinCDEmuの終了とは？

WinCDEmuは、起動時に特殊なソフトウェアをインストールすることで仮想ドライブを作成しています。WinCDEmuを利用してパソコンの調子が悪くなったり、ホテルやネットカフェなどの自分のパソコン以外でWinCDEmuを利用したときは、WinCDEmuを完全終了しましょう。WinCDEmuは、 をクリックしただけでは、完全終了しません。WinCDEmuを完全終了したいときは、必ず、上記の手順に従って<Uninstall driver>をクリックしてWinCDEmuの終了作業を行ってください。

3 Windows 10でアンマウントする

1 Windows 10でWinCDEmuを起動して、イメージをマウントしておきます。

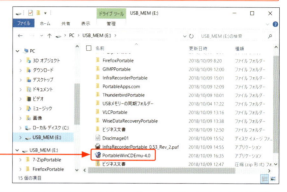

2 アンマウントしたいイメージファイルをクリックして、

3 <Unmount>をクリックします。

4 イメージファイルがアンマウントされます。

Memo

Windows 10でWinCDEmuを使う際の注意点

WinCDEmuはWindows 10／8.1に対応していますが、Windows 10では環境によって<Uninstall driver>で「アクセスが拒否されました」と表示されることがあります。その場合も<OK>をクリックすれば終了します。

第6章

USBメモリーのセキュリティを強化しよう

Section 44　USBメモリーのデータを保護するには
Section 45　暗号化アプリを導入する
Section 46　USBメモリーを暗号化して保護する
Section 47　暗号化したデータを読み出す
Section 48　暗号化したデータを修正して保存する
Section 49　USBメモリーでパソコンをロックする
Section 50　パソコンのロックの設定を行う
Section 51　パソコンのロックと解除を行う
Section 52　パソコンのロックを強制解除する

Section 第6章 >> USBメモリーのセキュリティを強化しよう

44 USBメモリーのデータを保護するには

USBメモリーは、手軽で便利な記録メディアですが、紛失してしまうことが考えられます。そうなったときに備え、データをかんたんに読み出せないようにしておくと安心です。

1 USBメモリー内のデータを暗号化して保護

USBメモリー内のデータをかんたんに読み出せないように保護するときに有効な手段が、記録データを暗号化し、パスワードで保護しておくことです。こうしておけば、パスワードで暗号化を解除しない限り、データを読み出すことができません。

暗号化し、パスワードで保護しておくと安心！

❶USBメモリーをセットし、　❷パスワードを入力すると、

❸暗号化が解除され、データが読み出せる。

Hint

データ暗号化の方法

暗号化の方法には、ソフトウェア方式とハードウェア方式があります。前者のソフトウェア方式は、次ページ以降で紹介するアプリを使用してUSBメモリー内のデータを暗号化します。後者のハードウェア方式は、USBメモリー本体に搭載された暗号化機能を利用します。いずれもパスワードを入力することで、暗号化の解除が行えます。

Section **45**

第6章 ≫ USBメモリーのセキュリティを強化しよう

暗号化アプリを導入する

USBメモリー内のデータをかんたんに読み出せないように保護するには、暗号化アプリを導入して、USBメモリー内のデータを暗号化し、パスワードで保護する方法が効果的です。

1 Folder Protectorをダウンロードする

利用するアプリ	Folder Protector
配布サイト	http://www.kakasoft.com/folder-protect/

1. 上記の配布サイトのURLにアクセスし、
2. <Free Download>をクリックします。
3. <保存>をクリックしてダウンロードし、

4. <フォルダーを開く>をクリックします。

5. ダウンロードしたファイルを確認できます。

📝 Memo

ファイルの保存先は?

ここでダウンロードするファイルは、USBメモリーに保存することもできますが、パソコンに保存しておくと複数のUSBメモリーを暗号化する際に便利です。

Section 46 第6章 >> USBメモリーのセキュリティを強化しよう

USBメモリーを暗号化して保護する

USBメモリーに保存された大切なデータは、暗号化しておきましょう。「Folder Protector」は、USBメモリー全体を暗号化できるだけでなく、指定したフォルダーのみを暗号化することもできます。

1 USBメモリーを暗号化する

1 USBメモリーをパソコンにセットします。

2 P.139でファイルをダウンロードしたフォルダーを開き、<lockdir>をダブルクリックします。

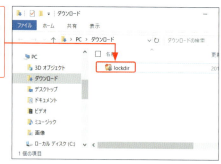

3 右の画面が表示されたら、<Cancel>をクリックします。

4 Folder Protectorが起動しました。

5 <SETTINGS>をクリックします。

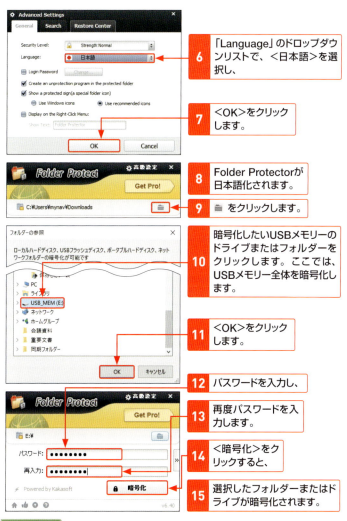

6	「Language」のドロップダウンリストで、<日本語>を選択し、
7	<OK>をクリックします。
8	Folder Protectorが日本語化されます。
9	📁 をクリックします。
10	暗号化したいUSBメモリーのドライブまたはフォルダーをクリックします。ここでは、USBメモリー全体を暗号化します。
11	<OK>をクリックします。
12	パスワードを入力し、
13	再度パスワードを入力します。
14	<暗号化>をクリックすると、
15	選択したフォルダーまたはドライブが暗号化されます。

📝 Memo

暗号化の対象

Folder Protectorでは、手順10でUSBメモリーのドライブを選択すると、USBメモリー全体を暗号化して保護できます。また、USBメモリー内のフォルダーを選択すれば、選択したフォルダーだけを暗号化して保護します。

Section 47 第6章 >> USBメモリーのセキュリティを強化しよう

暗号化したデータを読み出す

暗号化したUSBメモリー内のデータを読み出すには、暗号化を解除する必要があります。暗号化の解除は、「Folder Protector」の画面を開き、パスワードを入力することで行えます。

1 暗号化を解除してデータを読み出す

暗号化の解除とは、暗号化して保護されたデータを復元し、読み出せるようにする作業です。

1 USBメモリーをパソコンにセットし、USBメモリーのウィンドウを開きます。

2 <lockdir>をダブルクリックします。

3 右の画面が表示された場合は、<キャンセル>をクリックします。

4 P.141で設定したパスワードを入力し、

5 暗号化の解除方法（ここでは＜一時的に解除＞）をクリックして（下のMemo参照）、

6 ＜暗号化解除＞をクリックします。

7 暗号化が解除され、保護されていたデータが表示されます。

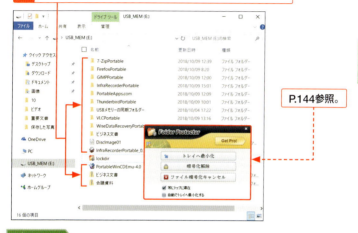

P.144参照。

📝 Memo

暗号化の解除方法

Folder Protectorの暗号化の解除方法には、＜仮想ドライブ＞＜一時的に解除＞＜完全解除＞の3つがあります。

仮想ドライブ	暗号化されたデータを仮想ドライブに展開し、別ドライブでデータを利用する方法です。データの修正やファイルの削除、追加などを行うと、その情報が自動的に反映されます（P.145参照）。
一時的に解除	一時的に暗号化を解除する方法です。表示される「Folder Protector」の画面を終了するか＜暗号化解除＞をクリックすると、ファイルの追加、削除などの作業内容が反映されます（P.144参照）。
完全解除	暗号化を完全解除し、その使用を取りやめます（P.145のMemo参照）。

第6章 USBメモリーのセキュリティを強化しよう

143

Section 48 第6章 » USBメモリーのセキュリティを強化しよう

暗号化したデータを修正して保存する

「一時的に解除」を利用すると、暗号化を一時的に解除してデータを修正できます。また、「仮想ドライブ」を利用すると、暗号化したデータを別ドライブに展開して、データの修正を行えます。

1 データの修正と保存方法1　一時的に解除

1 P.142の手順を参考に、USBメモリーをセットして、暗号化したデータを<一時的に解除>で読み出します。

2 データの修正やコピー、削除などの作業を行います。

3 <暗号化解除>をクリックするか、<閉じる>をクリックします。

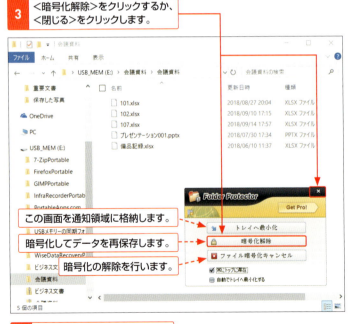

この画面を通知領域に格納します。
暗号化してデータを再保存します。
暗号化の解除を行います。

4 ウィンドウが自動的に閉じられ、再度暗号化が行われます。

2 データの修正と保存方法2　仮想ドライブ

1 P.142の手順を参考に、USBメモリーをセットして、<lockdir>をダブルクリックします。

2 設定したパスワードを入力し、

3 <仮想ドライブ>をクリックして、

4 <暗号化解除>をクリックします。

5 暗号化されていたデータが別ドライブ（ここでは<(Z:)>）で表示されます。

6 データの修正やコピー、削除などの作業を行います。

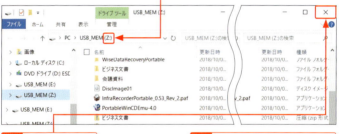

7 <閉じる>をクリックします。

8 データが再度暗号化されて保存されます。

📝 Memo

暗号化の完全解除

暗号化の完全解除を行いたいときは、パスワード入力画面でパスワードを入力後、<完全解除>をクリックしてオンにし、<暗号化解除>をクリックします。もう暗号化しない場合は、暗号化した場所にできた<lockdir>は削除してかまいません。

Section 第6章 » USBメモリーのセキュリティを強化しよう

49 USBメモリーでパソコンをロックする

USBメモリーには、メディアIDなど、その機器固有の情報があらかじめ設定されています。これをパスワードの代わりに使うことで、パソコンのセキュリティを向上させることができます。

1 USBメモリーでセキュリティを向上

USBメモリーに書き込まれているシリアル番号などの機器固有情報を「鍵」として使用することで、USBメモリーをセットしているときだけパソコンを使用できるように設定できます。

USBメモリーの固有情報（メディアIDなど）を、「鍵（パスワード）」としてアプリに登録し、USBメモリーをカードキーのように使えるようにする。

2 USBメモリーを「鍵」として活用

USBメモリーを「鍵」として利用するには、USBメモリーをパソコンにセットし、設定を行います。設定後は、USBメモリーの抜き差しで、パソコンのロックや解除が行えるようになります。

USBメモリーを差した状態で設定した後、USBメモリーを取り外すとパソコンがロックされて使用不能に。

再度USBメモリーをセットすると、ロックが解除されてパソコンが使用可能になる。

3 鍵言葉をインストールする

利用するアプリ	鍵言葉
配布サイト	https://www.vector.co.jp/soft/win95/util/se046733.html

1 上記の配布サイトのURLにアクセスします。

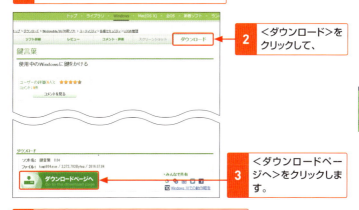

2 <ダウンロード>をクリックして、

3 <ダウンロードページへ>をクリックします。

4 <このソフトを今すぐダウンロード>をクリックし、

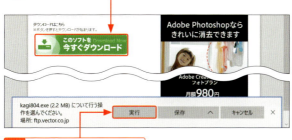

5 <実行>をクリックします。

6 <はい>をクリックします。

7 「ユーザーアカウント制御」画面が表示されたら、<はい>または<許可>をクリックします。

8 <次へ>をクリックします。

9 <次へ>をクリックします。

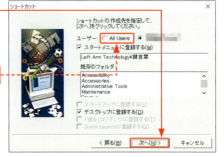

10 <次へ>をクリックします。

下のMemo参照。

📝 Memo

利用ユーザーの設定について

<ユーザー>の<All Users>をオンにすると、パソコンに登録されているすべてのユーザーで鍵言葉を利用できます。

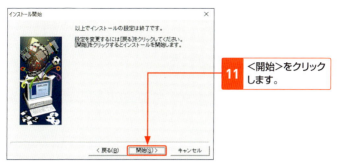

11 <開始>をクリックします。

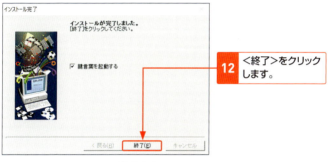

12 <終了>をクリックします。

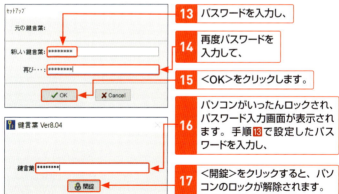

13 パスワードを入力し、

14 再度パスワードを入力して、

15 <OK>をクリックします。

16 パソコンがいったんロックされ、パスワード入力画面が表示されます。手順13で設定したパスワードを入力し、

17 <開錠>をクリックすると、パソコンのロックが解除されます。

📝 Memo

パスワード設定

「鍵言葉」アプリを使用するには、最初に鍵言葉（パスワード）を設定する必要があります。

第6章 USBメモリーのセキュリティを強化しよう

149

Section 50 パソコンのロックの設定を行う

第6章 » USBメモリーのセキュリティを強化しよう

ここでは、USBメモリーをパソコンのロックの鍵として登録する方法を説明します。また、Windowsの起動と同時にUSBメモリーを使用したパソコンロック機能が動作するように設定します。

1 鍵言葉の設定

鍵言葉に、鍵として利用するUSBメモリーの情報を登録すると、そのUSBメモリーをパソコンのロック／アンロックの鍵として利用できます。また、常にパソコンをロックするように設定することで、よりセキュリティがアップします。

❶ USBメモリーの機器固有情報を「鍵(パスワード)」としてアプリに登録。

❷ パソコンの起動と同時にロックされるように設定。

❸ USBメモリーをセットすると、ロックが解除される。

2 USBメモリーを鍵として登録する

ここでは、前ページからの続きで説明しています。

1 通知領域の∧をクリックし、

2 🔑を右クリックします。

3 <プロパティ>をクリックします。

4 <設定(システム関連2)>をクリックして、

5 <アンロック/ロックを使用する>をクリックしてオンにし、

6 <メディアID設定>をクリックします。

7 ここをクリックして、USBメモリーのドライブ(ここでは<E:ドライブ>)を選択します。

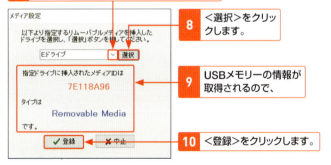

8 <選択>をクリックします。

9 USBメモリーの情報が取得されるので、

10 <登録>をクリックします。

💡 Hint

USBメモリーが認識されないときは

鍵言葉では、一部のUSBメモリーが認識できない場合があり、手順**7**でUSBメモリーのドライブが表示されないときがあります。USBメモリーのドライブが表示されないときは、別のUSBメモリーを利用してください。

3 常にパソコンをロックする

ここでは、前ページからの続きで説明しています。

1. ＜設定（システム関連1）＞をクリックします。

2. ＜Windows起動と同時に起動＞をクリックしてオンにし、

3. ＜OK＞をクリックします。

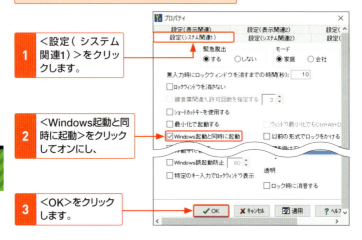

4. 緊急時に使用するパスワードを入力し（下のMemo参照）、

5. ＜設定＞をクリックします。

6. プロパティ画面が閉じ、設定が完了します。

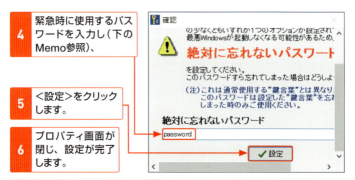

これでWindowsの起動時からパソコンがロックされるようになります。

Memo

緊急用パスワード

手順4で設定したパスワードは、P.149で設定した鍵言葉（パスワード）を忘れてしまったときに使用します。このパスワードを忘れると、ロックを解除できなくなる場合があるので注意してください。詳しくは、P.154を参照してください。

Section 第6章 >> USBメモリーのセキュリティを強化しよう

51 パソコンのロックと解除を行う

鍵言葉の設定が終わったら、パソコンのロックと解除が行えるかを確認します。ここでは、パソコンをロックする方法とロックを解除する方法を説明します。

1 パソコンをロックする

ここでは、前ページからの続きで説明しています。

1 USBメモリーをパソコンから取り外すと、

2 パソコンがロックされ、初期値ではパスワード入力画面が10秒間表示されます。

2 パソコンのロックを解除する

1 USBメモリーをパソコンにセットすると、

2 パソコンのロックが解除されます。

Memo

パスワードを入力する

パソコンのロックは、パスワードを入力することでも解除できます。マウスを動かすとパスワード入力画面が表示されます。

Section 52 第6章 >> USBメモリーのセキュリティを強化しよう

パソコンの
ロックを強制解除する

パスワードを忘れてしまったり、USBメモリーが壊れてしまうとパソコンのロックが解除できなくなります。そのときは強制的にロックを解除します。ここではその方法を紹介します。

1 ロックを強制解除する

1 マウスを動かして、パスワード入力画面を表示し、

2 P.152の手順4で設定した緊急用パスワードを入力し、

3 <開錠>をクリックします。

4 <OK>をクリックします。

5 ロックが解除されます。

Memo

緊急用パスワードを忘れてしまった場合

プロパティ画面の<設定(システム関連1)>タブで緊急脱出モードが有効に設定されているときは、Alt と Shift、Ctrl の3つのキーを押しながら、<開錠>をクリックすることでもロックを強制解除できます。緊急脱出モードは、初期値では有効に設定されています。

第7章

USBメモリーでパソコンのトラブルに備えよう

Section 53	パソコントラブルが起こる前の状態に戻すには？
Section 54	[Windows 10／8.1] USBメモリーに回復ドライブを作成する
Section 55	[Windows 10／8.1] 回復ドライブからシステムの復元を行う
Section 56	[Windows 7] ISOファイルとツールを用意する
Section 57	[Windows 7] インストール用USBメモリーを作成する
Section 58	[Windows 7] システムの修復を行う
Section 59	[Windows 10] インストール用USBメモリーを作成する
Section 60	[Windows 8.1] OSインストール用USBメモリーを作成する
Section 61	USBメモリーからOSを再インストールする

ご注意

本章の内容は、ハードウェアに対する高度な作業を実行するため、若干の危険が伴います。操作を誤ると最悪の場合、Windowsが正常に動作しなくなる可能性があります。操作にあたっては、細心の注意を払って実行してください。

Section 第7章 » USBメモリーでパソコンのトラブルに備えよう

53 パソコントラブルが起こる前の状態に戻すには？

パソコンのトラブルを未然に防ぐのは難しいですが、Windowsの不具合で起動しなくなった場合に備えて回復ドライブやOSインストール用のUSBメモリーを用意しておきましょう。

1 OSに不具合が起こってもすぐに対処できる

パソコンの動作が不安定になったり、Windows OSが急に起動しなくなったといったトラブルはよくあるものです。要因はさまざまあって未然に防ぐのは難しいので、対処方法を覚えておくことが大切です。OSは起動するが動作がおかしいという場合には、Windowsに搭載されているシステムの復元機能を使って問題なく使えていた状態に戻すのが効果的です。OSが起動しないという場合、インストールCD／DVDで起動してOSを修復、または再インストールする方法が有効ですが、最近はCD／DVDドライブが搭載されていないパソコンも増えており、インストールCD／DVDがないケースもあります。この場合は、トラブルに備えてOSインストール用や回復用のUSBメモリーを用意しておくと安心です。

❶DVDドライブを搭載していないパソコンでも、

❷USBメモリーを使えば、Windows 10／8.1／7 をインストールできる。

2 OSインストール用USBメモリーの作り方は?

USBメモリーからWindowsのインストールを行うには、OSのインストールDVDの内容を書き込んだOSインストール用USBメモリーを作成する必要があります。Windowsのバージョンによって手順は異なりますが、Windows 10／8.1／7ならばOSのインストールDVDのイメージファイル(ISOイメージ)をマイクロソフトの専用サイトからダウンロードできます。インストール用USBメモリー作成用のツールも用意されているので、8GB～16GB程度の容量を持つUSBメモリーがあればかんたんに作ることができます。

❶OSインストール用DVDのイメージファイルをダウンロードする。

マイクロソフトWebサイト

❷アプリを利用してOSインストール用USBメモリーを作成する。

❸USBメモリーから起動してOSのインストールを行う。

> **Memo**
>
> **プロダクトキーが必要**
>
> Windows 10／8.1／7を利用するには、「プロダクトキー」が必要です。プロダクトキーは、通常、Windows 購入時の製品パッケージに記載されています。また、Windows 7は、OSインストールDVDのイメージファイルのダウンロードにもプロダクトキーが必要になります。

Section 第7章 >> USBメモリーでパソコンのトラブルに備えよう

54 [Windows 10 / 8.1] USB メモリーに回復ドライブを作成する

Windows 10 / 8.1がインストールされたパソコンならば、インストールCD / DVDがなくても「回復ドライブ」というシステム修復用のUSBメモリーを作成することができます。

1 回復ドライブの作成を行う

ここでは、Windows 10を使った回復ドライブの作成方法を解説します。

1. 回復ドライブ用のUSBメモリー（8GB以上）をパソコンにセットします。

2. タスクバーの検索欄に「回復ドライブの作成」と入力し、

3. ＜回復ドライブの作成＞をクリックします。

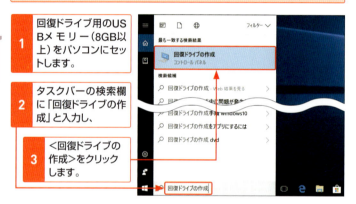

4. 「ユーザーアカウント制御」画面が表示された場合は、＜はい＞をクリックします。

5. 「回復ドライブの作成」画面が表示されます。

6. ＜次へ＞をクリックします。

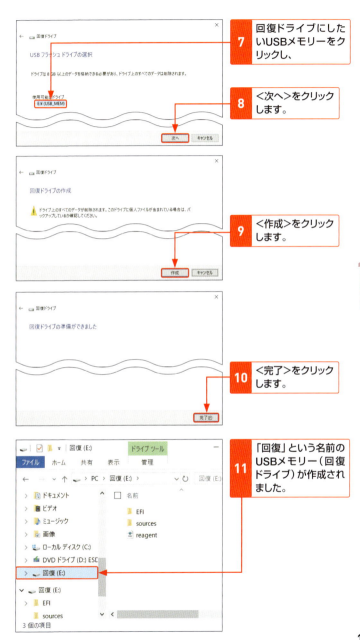

Section 第7章 » USBメモリーでパソコンのトラブルに備えよう

55 [Windows 10 / 8.1] 回復ドライブからシステムの復元を行う

Windows 10 / 8.1で回復ドライブを作成しておくと、パソコンの動作がおかしくなった場合にシステムの復元を行えます。USBメモリーからパソコンを起動して作業を開始しましょう。

1 システムの復元を行う

1 ブートメニューまたはUEFI（BIOS）セットアップ画面を表示して、USBメモリーを起動ドライブに設定します（詳細はP.176参照）。

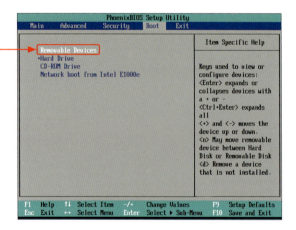

2 回復ドライブから起動したら<Microsoft IME>をクリックします。

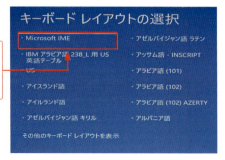

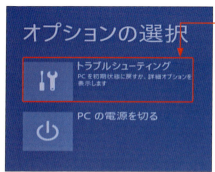

3 <トラブルシューティング>をクリックします。

> 💡 **Hint**
>
> **再インストールする**
>
> 回復ドライブからWindows 10を再インストールするには、P.178を参照してください。

4 <詳細オプション>をクリックします。

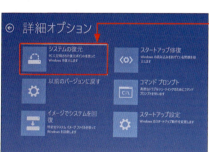

5 <システムの復元>をクリックします。

6 <Windows 10>をクリックして復元ポイントを選択します。

Section 第7章 >> USBメモリーでパソコンのトラブルに備えよう

56 [Windows 7] ISOファイルとツールを用意する

Windows 7でOSインストール用のUSBメモリーを作成するには、インストールディスクのイメージ（ISOファイル）と「Windows USB/DVD Download Tool」というアプリが必要です。

1 Windows 7のISOファイルをダウンロードする

利用するファイル	Windows 7 のディスクイメージ（ISO ファイル）
配布サイト	https://www.microsoft.com/ja-jp/software-download/windows7

1 上記の配布サイトのURLにアクセスします。

2 画面をスクロールし、

3 使用しているWindows 7のプロダクトキーを入力して、

4 <確認>をクリックします。

2 Windows USB/DVD Download Toolをダウンロードする

利用するアプリ	Windows USB/DVD Download Tool
配布サイト	https://www.microsoft.com/ja-jp/download/details.aspx?id=56485

1 上記の配布サイトのURLにアクセスします。

2 <ダウンロード>をクリックします。

3 <Windows7-USB-DVD-Download-Tool-Installer-ja-JP.exe>をクリックしてオンにし、

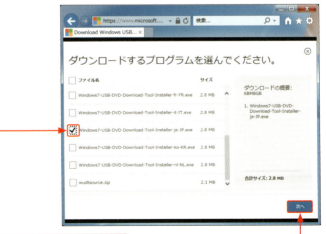

4 <次へ>をクリックします。

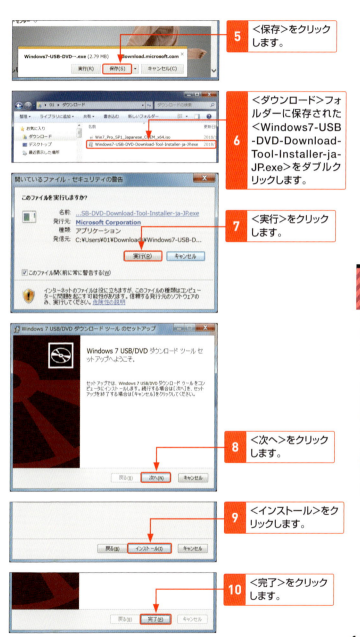

Section 第7章 >> USBメモリーでパソコンのトラブルに備えよう

57 [Windows 7] インストール用USBメモリーを作成する

Windows 7のISOファイルをダウンロードしてWindows USB/DVD Download Toolをインストールしたら、OSインストール用のUSBメモリーを作成していきましょう。

> ここでは、Section 56でダウンロードしたWindows 7のISOファイルと、パソコンにインストールしたWindows USB/DVD Download Toolを使用します。

1 ツールを使って起動可能なUSBメモリーを作成する

1 USBメモリーをパソコンにセットします。

2 Windows USB/DVD Download Toolのアイコン(アイコン名は「Windows 7 USBDVD ダウンロード ツール」)をダブルクリックします。

3 <参照>をクリックします。

4 Windows 7のISOファイルをクリックして選択し、

5 <開く>をクリックします。

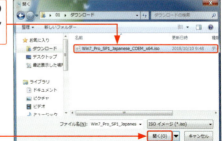

6 <次へ>をクリックします。

7 <USBデバイス>をクリックします。

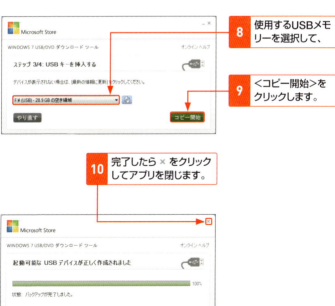

8 使用するUSBメモリーを選択して、

9 <コピー開始>をクリックします。

10 完了したら × をクリックしてアプリを閉じます。

Section **第7章** » USBメモリーでパソコンのトラブルに備えよう

58 [Windows 7] システムの修復を行う

Windows 7のインストール用USBメモリーは、インストールDVDと同じように利用可能です。Windows上から起動して再インストールしたり、USBメモリーから起動したりできます。

ここでは、Section 57で作成したWindows 7のインストール用USBメモリーを使用して作業を行います。

1 USBメモリーから起動してシステムを修復する

1 ブートメニューまたはUEFI（BIOS）セットアップ画面を表示して、USBメモリーを起動ドライブに設定します（詳細はP.176参照）。

2 OSインストール用のUSBメモリーをパソコンにセットして、パソコンを再起動します。

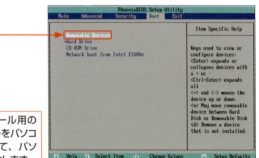

3 USBメモリーからWindows 7のインストール画面が起動します。

4 <次へ>をクリックします。

168

5 ＜コンピューターを修復する＞をクリックします。

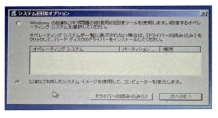

6 ＜システム回復オプション＞で修復を行います。

Hint

システム回復オプション

「システム回復オプション」画面でオペレーティングシステムが表示されない場合は、＜ドライバーの読み込み＞をクリックしてHDDのドライバーをインストールしてみましょう。

StepUp

USBメモリーの＜setup.exe＞でインストール画面を起動する

Windows 7は起動するが動作が不安定という場合は、インストール用USBメモリーの中にある＜setup.exe＞をダブルクリックしてWindows 7の再インストールを行うのも有効です。インストール画面が表示されたら＜今すぐインストール＞をクリックして再インストールを実行しましょう。

Section 59 [Windows 10]インストール用USBメモリーを作成する

Windows 10では、回復ドライブ(P.158参照)以外にもOSインストール用USBメモリーを作成する手段が用意されています。かんたんな手順でダウンロードからインストールまでが行えます。

1 MEDIA CREATION TOOLでインストールUSBメモリーを作成する

マイクロソフトは、専用サイトを用意してWindows 10／8.1／7のISOイメージを配布していますが、Windows 10の専用サイトではISOイメージとインストールメディア作成用のツール「MEDIA CREATION TOOL」がセットになっています。ツールをダウンロードして実行すると、ISOイメージのダウンロードからインストールメディア（USBメモリーにも対応）の作成までがまとめて行えます。

利用するアプリ	MEDIA CREATION TOOL
配布サイト	https://www.microsoft.com/ja-jp/software-download/windows10

1 上記の配布サイトのURLにアクセスします。

2 ＜ツールを今すぐダウンロード＞をクリックして、

3 ＜保存＞をクリックします。

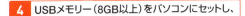
4 USBメモリー（8GB以上）をパソコンにセットし、

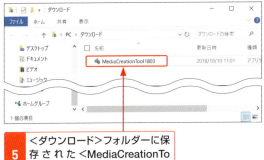

5 ＜ダウンロード＞フォルダーに保存された＜MediaCreationTool＞をダブルクリックします。

6 ＜次へ＞をクリックします。

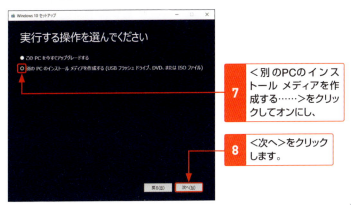

7 ＜別のPCのインストール メディアを作成する……＞をクリックしてオンにし、

8 ＜次へ＞をクリックします。

9 <次へ>をクリックします。	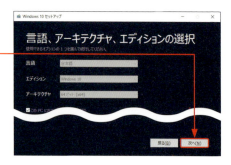
10 <USB フラッシュ ドライブ>をクリックしてオンにし、	
11 <次へ>をクリックします。	
12 使用するUSBメモリーをクリックして、	
13 <次へ>をクリックします。	
14 Windows 10のISOイメージがダウンロードされます。	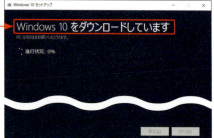

第7章 USBメモリーでパソコンのトラブルに備えよう

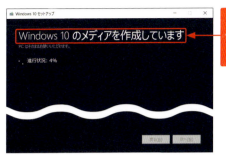

15 Windows 10のメディア（インストール用USBメモリー）が作成されます。

16 ＜完了＞をクリックします。

2 USBメモリーからインストール画面を表示する

1 インストール用USBメモリーを開いて、

2 ＜setup＞をダブルクリックします。

3 「Windows 10 セットアップ」画面が起動するので、以降は画面の指示に従って作業を進めます。

Section 第7章 » USBメモリーでパソコンのトラブルに備えよう

60 [Windows 8.1] インストール用USBメモリーを作成する

Windows8.1のOSインストール用USBメモリーは、Windows 7と同様にディスクイメージ (ISO ファイル) をダウンロードし、Windows USB/DVD Download Toolで作成します。

1 Windows 8.1 のISOファイルをダウンロードする

使用するファイル	Windows 8.1 のディスク イメージ (ISO ファイル)
配布サイト	https://www.microsoft.com/ja-jp/software-download/windows8ISO

1 上記の配布サイトのURLにアクセスします。

2 <Windows 8.1>を選択して、

3 <確認>をクリックします。

4 <日本語>を選択して、

5 <確認>をクリックします。

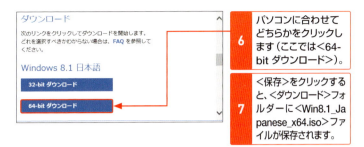

6 パソコンに合わせてどちらかをクリックします（ここでは＜64-bit ダウンロード＞）。

7 ＜保存＞をクリックすると、＜ダウンロード＞フォルダーに＜Win8.1_Japanese_x64.iso＞ファイルが保存されます。

2 Windows USB/DVD Download Toolから作成する

P.164を参照してWindows USB/DVD Download Toolをインストールします。

1 USBメモリーをパソコンにセットします。

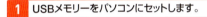

2 アイコンをダブルクリックして、Windows USB/DVD Download Toolを起動します。

3 ＜参照＞をクリックし、

4 ＜ダウンロード＞フォルダーに保存したWindows 8.1のISOファイルを選択します。

5 ＜次へ＞をクリックします。

6 ＜USBデバイス＞をクリックします。

7 使用するUSBメモリーを選択して、

8 ＜コピー開始＞をクリックします。完了したらアプリを閉じます。

Section 第7章 >> USBメモリーでパソコンのトラブルに備えよう

61 USBメモリーからOSを再インストールする

USBメモリーからOSをインストールするには、OS起動時にUSBメモリーからの起動を選択する必要があります。ここでは、USBメモリーから起動してOSをインストールする方法を解説します。

1 USBメモリーから起動する方法

パソコンには、どのドライブから起動を行うかを選択する「ブートメニュー」と呼ばれる機能を搭載した製品が多く存在します。USBメモリーからOSのインストールを行うときは、この機能を利用して、USBメモリーから起動し、OSをインストールします。また、ブートメニューが表示できないときは、「UEFI (BIOS) セットアップ画面」を表示して、そこから起動ドライブを選択できます。UEFI (BIOS) セットアップ画面は、通常、電源キーを押したらすぐに[F2]または[Delete]などを連打することで表示できる製品が主流です。ただし、ブートメニューやUEFI (BIOS) セットアップ画面の表示方法は、利用しているパソコンによって異なるので、パソコンの取扱説明書などであらかじめ調べておいてください。

❶ブートメニューまたはUEFI (BIOS) セットアップ画面を表示し、

❷USBメモリーから起動してOSのインストールを行う。

2 OSインストール用USBメモリーからWindowsをインストールする

ここでは、BIOSのセットアップ画面を表示してUSBメモリーからWindowsをインストールする場合の一例を紹介します。セットアップ画面（ブートメニュー）の表示方法については、パソコン付属の取扱説明書を参照してください。

1 パソコンをシャットダウンしておきます。

2 USBメモリーをパソコンにセットします。

3 パソコンの電源をオンにしたらBIOSのセットアップ画面（ブートメニュー）を表示するためのキーを連打します。

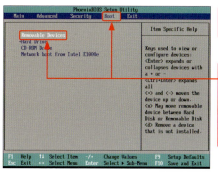

4 BIOSのセットアップ画面が表示されます。

5 <Boot>タブでUSBメモリー（ここでは<Removable Devices>）を最上位に設定してセットアップ画面を終了させます。

6 Windowsのインストール画面（ここではWindows 10）が表示されます。インストールを行ってください。

Memo

使用するOSインストール用USBメモリー

Windows 10ならばP.170、Windows 8.1ならばP.174、Windows 7ならばP.166の手順を参照にして作成したOSインストール用USBメモリーを使用します。

3 回復ドライブからWindows 10をインストールする

ここでは、P.158で作成したWindows 10の回復ドライブ（USBメモリー）を使用してOSのインストールを行います。

1 回復ドライブにしたUSBメモリーをパソコンにセットします。

2 USBメモリーからパソコンを起動して、

3 ＜Microsoft IME＞をクリックします。

4 ＜トラブルシューティング＞をクリックします。

5 ＜ドライブから回復する＞をクリックします。

6 ＜ファイルの削除のみ行う＞をクリックします。

7 ＜回復＞をクリックしてWindows 10を再インストールします。

第8章

USBメモリーで困ったときのQ&A

Section 62　**USBメモリーが認識されない**
Section 63　**USBメモリーのドライブ文字を変更したい**
Section 64　**USBメモリーを初期化 (フォーマット) したい**
Section 65　**「現在使用中です」となってUSBメモリーが取り外せない!**
Section 66　**パソコンに接続したときの動作を変えたい**
Section 67　**USBメモリーの接続口を増やしたい**
Section 68　**USBメモリーをパソコンに接続できない**

Section 第8章 >> USBメモリーで困ったときのQ&A

62 USBメモリーが認識されない

USBメモリーを使用していると、パソコンにセットしても認識されないことがあります。接続口（スロット）を変えたり、Windowsの設定を見直したりして対処しましょう。

1 認識されない原因を探ってみる

USBメモリーをパソコンにセットしても認識されないという場合には、さまざまな要因が考えられます。パソコンに複数のUSB接続口があるなら、まずは別の接続口にセットして認識されるか確かめてみましょう。それでも認識されない場合は、USBメモリーを別のパソコンにセットしてみてください。複数のパソコンで同様に認識されない場合はUSBメモリーが物理的に壊れている可能性があります。ほかのパソコンでは認識されるようなら、Windowsのデバイスマネージャーを確認してみましょう。

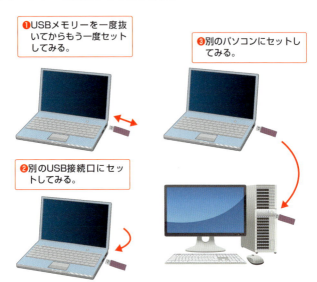

❶USBメモリーを一度抜いてからもう一度セットしてみる。

❸別のパソコンにセットしてみる。

❷別のUSB接続口にセットしてみる。

2 パソコンのデバイスマネージャーを確認する

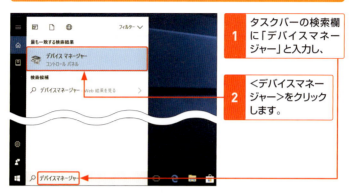

1. タスクバーの検索欄に「デバイスマネージャー」と入力し、
2. <デバイスマネージャー>をクリックします。

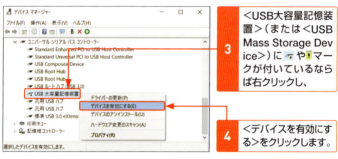

3. <USB大容量記憶装置>(または<USB Mass Storage Device>)に ▼ や ❗ マークが付いているならば右クリックし、
4. <デバイスを有効にする>をクリックします。

5. USBメモリーが認識されます。

Hint

ドライバーの更新も有効

手順3の右クリックメニューで<ドライバーの更新>をクリックして、USBメモリーのドライバーを最新のものにすると認識されることもあります。

Section 63 第8章 >> USBメモリーで困ったときのQ&A

USBメモリーのドライブ文字を変更したい

USBメモリーをパソコンにセットすると、自動的にドライブ文字(「D:」「E:」など)が割り振られます。このドライブ文字はあとから変更することも可能です。

1 「ディスクの管理」を起動する

ここでは、Windows 10を使った設定方法を説明しています。

1 <スタート>ボタンを右クリックして、

2 <ディスクの管理>をクリックします。

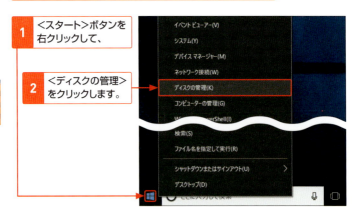

3 ドライブ文字を変更したいUSBメモリーを右クリックして、

4 <ドライブ文字とパスの変更>をクリックします。

2 ドライブ文字を変更する

1 「ドライブ文字とパスの変更」画面が表示されます。

2 <変更>をクリックします。

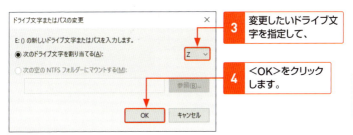

3 変更したいドライブ文字を指定して、

4 <OK>をクリックします。

5 <はい>をクリックします。

6 USBメモリーのドライブ文字が変更されました。

Section | 第8章 >> USBメモリーで困ったときのQ&A

64 USBメモリーを初期化（フォーマット）したい

USBメモリーに保存したファイルやフォルダーをすべて削除したいときは、初期化（フォーマット）を行います。初期化は＜フォーマット＞を選択することで行えます。

1 USBメモリーのフォーマットを行う

1 パソコンにUSBメモリーをセットします。

2 📁 をクリックします。

3 USBメモリー（ここでは＜USB_MEM (E:)＞）を右クリックし、

4 ＜フォーマット＞をクリックします。

📝 Memo

USBメモリーの内容が表示されたときは？

USBメモリーをパソコンにセットして内容が自動的に表示されたときは、手順 2 をスキップして、手順 3 に進んでください。

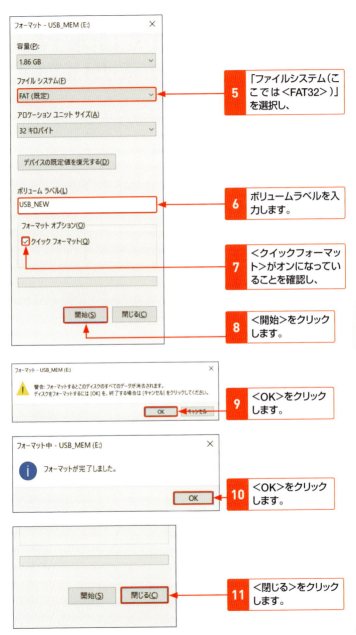

Section 第8章 >> USBメモリーで困ったときのQ&A

65 「現在使用中です」となってUSBメモリーが取り外せない!

USBメモリーを取り外そうとした場合に「現在使用中です」と表示され、接続が解除できないことがあります。アプリを終了してもだめなら、<ディスクの管理>ツールを使います。

1 「ディスクの管理」から取り外す

USBメモリーを安全に取り外すには、Windowsの通知領域(タスクバーの右側)から接続を解除するのが基本です(P.28参照)。ところが、この作業を行った際に「このデバイスは現在使用中です」という警告が表示されて接続が解除できないことがあります。この場合は、起動しているアプリをすべて終了させてから再度試してみましょう。それでも解除できないならばパソコンを再起動してみるか、<ディスクの管理>ツールで取り外します。

1 警告が表示されてUSBメモリーとの接続が解除できないこともあります。

2 P.182の手順を参考にして<ディスクの管理>を起動し、

3 USBメモリー上で右クリックして、

4 <取り出し>をクリックします。

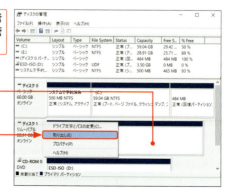

Section 第8章 » USBメモリーで困ったときのQ&A

66 パソコンに接続したときの動作を変えたい

USBメモリーをパソコンに接続すると、自動的に特定の操作（エクスプローラーで開くなど）が実行されることがあります。この「自動再生」の設定は、設定画面から変更できます。

1 設定画面から設定を変更する

1. <スタート>ボタンをクリックして、
2. ⚙をクリックします。
3. <デバイス>をクリックします。
4. <自動再生>を選択して、
5. 「リムーバブルドライブ」欄で設定を変更します。

> 📝 **Memo**
>
> **Windows 7の場合**
>
> Windows 7で自動再生の設定を変更するには、<スタート>メニューから<コントロールパネル>→<ハードウェアとサウンド>→<自動再生>を選択します。

Section 67 USBメモリーの接続口を増やしたい

第8章 » USBメモリーで困ったときのQ&A

コンパクトなノートパソコンなどを使っている場合、USB接続口（USB端子）の数が少なくてUSBメモリーを接続できないケースがあります。そんなときは「USBハブ」を利用します。

1 USBハブを用意すればUSB接続口を増やせる

さまざまな周辺機器を接続できるUSB接続口（USB端子）は、ハードディスクやDVDドライブなどを接続するだけですべて埋まってしまうこともあります。USBメモリーを接続する際に、いちいちほかの機器を取り外すのは効率的とはいえません。こんなときは、「USBハブ」を購入することをおすすめします。1つのUSB端子にセットすれば、ハブに用意されている複数のUSB端子を利用できるようになります。製品によってUSB端子の数が異なりますので、自分の使用環境に合わせて選択してください。

パソコンから電力を供給するバスパワー型のUSBハブ（写真はバッファローの「BSH4U310U3シリーズ」）。

コンセントから電力を供給できるセルフパワー対応のUSBハブ（写真はバッファローの「BSH7AE03シリーズ」）。

> **Memo**
>
> **対応規格にも注意**
>
> USBハブも製品によってUSB2.0／3.0といった対応規格が異なります。USB3.0対応のUSBメモリーを使っている場合は、USB3.0対応のUSBハブを選択しましょう。

Section 第8章 » USBメモリーで困ったときのQ&A

68 USBメモリーをパソコンに接続できない

最近は、Type-C端子しか搭載していないノートパソコンも増えてきました。一般的なType-A端子のUSBメモリーを接続するには、Type-C変換アダプターを利用します。

1 USB Type-C変換アダプターを使って端子の形状を合わせる

パソコンとUSBメモリーで端子の形状が合わないケースも増えてきました。最近のUSBメモリーは、一般的なUSB Type-Aだけでなく、Micro-BやType-C、iPhoneなどで使われるLightningなどさまざまな端子の製品があります。パソコンにUSB Type-C端子しかない場合は、こうしたUSBメモリーを購入するのも手ですが、今あるUSBメモリーを使いたいのならば変換アダプターを購入するのがおすすめです。

USB Type-AからUSB Type-Cに端子を変換する変換アダプター（写真はバッファローの「BSUAMC311015シリーズ」）。

ケーブルレスタイプの変換アダプターもあります（写真はバッファローの「BSUAMC311ADシリーズ」）。

索引

数字

25（ポート番号）	95
3-in-1タイプ	19
587（ポート番号）	95
7-Zip Portable	104

アルファベット

Allway Sync	46
Android内データ（バックアップ）	66
Androidに復元	70
Bcc	93, 97
BunBackup	34
CD／DVD	120
CD／DVDライティングアプリ	121, 122
Chrome	85
Firefox Portable	82
Folder Protector	139
GIMP Portable	98
Gmail	91
InfraRecorder Portable	122
InternetExplorer	85
iPhone内データ（バックアップ）	68
iPhoneに復元	72
ISOファイル	162, 174
Lightning端子	17, 60
Logitec EXtorage Link	64
MEDIA CREATION TOOL	170
Micro-B端子	17, 60
Microsoft Edge	85
OSインストール用USBメモリー	157, 166, 170, 174
SMTP	95
Thunderbird Portable	88
Type-A端子	17
Type-C端子	17, 60
UEFI（BIOS）	160, 168, 176, 177
USB2.0	16
USB3.0	16
USBハブ	188
USBメモリーからAndroidへ移す	75
USBメモリーからiPhoneへ移す	77
USBメモリーからパソコンを起動	160, 168, 176
USBメモリーの取り外し	28, 65
VLC Media Player Portable	110
Webブラウザー	82, 84
WinCDEmu Portable	130
Windows USB/DVD Download Tool	164
Wise Data Recovery Portable	114
xcf形式	101
ZIP	106

あ行

圧縮（ファイル）	109
圧縮・展開アプリ	104
圧縮ファイルを展開する	108
アプリの終了	65
暗号化	140
暗号化アプリ	139
アンマウント	134
一時的に解除（暗号化）	143, 144
イメージファイル	120, 122, 126, 128, 130, 134
インストール用USBメモリー	157, 166, 170, 174
インポート（ブラウザーの設定）	85
お気に入りのバックアップ	86
音楽をスマートフォンに移す	74

か行

解除（ロック）	153
回復ドライブ	158, 178
鍵言葉	147
仮想化ソフト	120
仮想ドライブ	128, 133, 143, 145
画像加工アプリ	98
カラーバランス	102
完全解除（暗号化）	143, 145
記憶容量	18
規格	16, 18
機器固有情報	146
キャップ付きタイプ	19

キャップレスタイプ	19
強制解除（パソコンのロック）	154
緊急用パスワード	154
個人情報	80
コピーする（USBメモリーへ）	24

さ行

再インストール	176
削除する（USBメモリーから）	25
作成（イメージファイル）	126
システム回復オプション	169
システムの復元	156, 160, 168
自動再生	187
自動同期	45, 54
自動バックアップ	36
受信（メール）	95
受信サーバー	91
手動設定（メール）	91
初期化（フォーマット）	184
スマートフォン	60
セキュリティ	17, 146
セキュリティ機能搭載タイプ	19
送信（メール）	94
送信サーバー	91
速度（USBメモリーの）	18
ソフトウェア方式（暗号化）	138

た行

超小型タイプ	19
通知（USBメモリーの接続）	22
ディスクイメージ	126, 162, 174
ディスクの管理	182, 186
デザイン・防水／防塵／耐衝撃タイプ	19
デバイスマネージャー	181
展開（圧縮ファイル）	108
転送（メール）	97
動画ファイルの再生	113
同期	44
同期の方向	53
同期の履歴	57
同期フォルダー	51
ドライバーの更新	181

ドライブ文字	183
取り出し（イメージファイル）	129, 134
取り外し（USBメモリー）	28, 65
トリミング（写真）	103

は行

ハードウェア方式（暗号化）	138
パスワード（暗号化）	138
パスワード（パソコンのロック）	149, 153
パソコンデータをUSBメモリーに移す	74
バックアップ	32, 42, 59
ファイル／フォルダー名の変更	27
ファイルの同期	56
ファイル復元アプリ	114
ブートメニュー	160, 168, 176
フォルダー	26
復元（削除データ）	114, 117
復元（バックアップデータ）	43, 70
複数端子のUSBメモリー	62
ブックマーク	87
プロダクトキー	157
プロバイダーメール	91
変換アダプター	62, 189
返信（メール）	96
ボリュームラベル	40
ホワイトバランス	101

ま行～ら行

メールアカウント	90
メールアプリ	88
メディアプレーヤー	110
読み出し（イメージファイル）	128, 132
ログアウト（同期）	55
ロック（パソコンの）	146, 150, 153

■ お問い合わせの例

FAX

1 お名前
技評 太郎

2 返信先の住所または FAX 番号
03-××××-××××

3 書名
今すぐ使えるかんたん mini
USB メモリー 徹底活用技
改訂5版

4 本書の該当ページ
25 ページ

5 ご使用の OS のバージョン
Windows 10

6 ご質問内容
手順5の画面が
表示されない

今すぐ使えるかんたん mini
USB メモリー 徹底活用技
改訂5版

2009年10月25日 初 版 第1刷発行
2018年12月25日 第5版 第1刷発行

著者●オンサイト
発行者●片岡 巖
発行所●株式会社 技術評論社
　　　　東京都新宿区市谷左内町 21-13
　　　　電話 03-3513-6150 販売促進部
　　　　　　 03-3513-6160 書籍編集部
編集●オンサイト
担当●和田 規（技術評論社）
装丁●田邉恵里香
カバーイラスト●イラスト工房（株式会社アット）
本文デザイン● Kuwa Design
DTP ●あおく企画
製本／印刷●図書印刷株式会社

定価はカバーに表示してあります。

落丁・乱丁がございましたら、弊社販売促進部までお送りください。交換いたします。
本書の一部または全部を著作権法の定める範囲を超え、無断で複写、複製、転載、テープ化、ファイルに落とすことを禁じます。

©2009 オンサイト

ISBN978-4-297-10245-6 C3055

Printed in Japan

お問い合わせについて

本書に関するご質問については、本書に記載されている内容に関するもののみとさせていただきます。本書の内容と関係のないご質問につきましては、一切お答えできませんので、あらかじめご了承ください。また、電話でのご質問は受け付けておりませんので、必ず FAX か書面にて下記までお送りください。
なお、ご質問の際には、必ず以下の項目を明記していただきますようお願いいたします。

1 お名前
2 返信先の住所または FAX 番号
3 書名
　（今すぐ使えるかんたん mini
　　USBメモリー 徹底活用技 改訂5版）
4 本書の該当ページ
5 ご使用の OS のバージョン
6 ご質問内容

なお、お送りいただいたご質問には、できる限り迅速にお答えできるよう努力いたしておりますが、場合によってはお答えするまでに時間がかかることがあります。また、回答の期日をご指定なさっても、ご希望にお応えできるとは限りません。あらかじめご了承くださいますよう、お願いいたします。ご質問の際に記載いただきました個人情報は、回答後速やかに破棄させていただきます。

問い合わせ先

〒162-0846
東京都新宿区市谷左内町 21-13
株式会社技術評論社　書籍編集部
「今すぐ使えるかんたん mini
USB メモリー 徹底活用技 改訂5版」質問係
FAX 番号　03-3513-6167

URL：https://book.gihyo.jp/116

著者プロフィール

有限会社オンサイト
コンテンツ制作会社。メーカーのホワイトペーパー・マニュアル制作を多く手がける。

URL：http://www.onsight.co.jp/